Simmi Kharb
Aparna Khandelwal

BIOMARCADORES IMUNITÁRIOS NA PRÉ-ECLÂMPSIA

Simmi Kharb
Aparna Khandelwal

BIOMARCADORES IMUNITÁRIOS NA PRÉ-ECLÂMPSIA

ScienciaScripts

Imprint

Any brand names and product names mentioned in this book are subject to trademark, brand or patent protection and are trademarks or registered trademarks of their respective holders. The use of brand names, product names, common names, trade names, product descriptions etc. even without a particular marking in this work is in no way to be construed to mean that such names may be regarded as unrestricted in respect of trademark and brand protection legislation and could thus be used by anyone.

Cover image: www.ingimage.com

This book is a translation from the original published under ISBN 978-620-7-80984-4.

Publisher:
Sciencia Scripts
is a trademark of
Dodo Books Indian Ocean Ltd. and OmniScriptum S.R.L publishing group

120 High Road, East Finchley, London, N2 9ED, United Kingdom
Str. Armeneasca 28/1, office 1, Chisinau MD-2012, Republic of Moldova, Europe
Printed at: see last page
ISBN: 978-620-7-92280-2

BIOMARCADORES IMUNITÁRIOS NA PRÉ-ECLÂMPSIA

इम्यून बायोमार्कस इन प्रीऐक्लैम्पशिया

TESE PARA

DOUTOR EM MEDICINA

(BIOQUÍMICA)

PT. B.D. SHARMA UNIVERSIDADE DE CIÊNCIAS DA SAÚDE, ROHTAK

SIMMI KHARB
APARNA

ÍNDICE

ABREVIATURAS 3

INTRODUÇÃO 5

REVISÃO DA LITERATURA 9

FINALIDADE E OBJECTIVOS 32

MATERIAIS E MÉTODOS 33

OBSERVAÇÕES 45

DISCUSSÃO 81

RESUMO E CONCLUSÃO 95

REFERÊNCIAS 106

ABREVIATURAS

PE   -   Preeclampsia

HTN   -   Hypertension

SBP   -   Systolic blood pressure

DBP   -   Diastolic blood pressure

ACOG   -   American College of Obstetrics and Gynaecology

SOGC   -   Society of Obstetricians and Gynaecologists of Canada

RCOG   -   Royal College of Obstetricians and Gynaecologists

SOMNAZ   -   Society of Obstetric Medicine of New Zealand

ISSHP   -   International Society for Study of Hypertension in Pregnancy

HO   -   Heme oxygenase

IL-6   -   Interleukin-6

TNF-α -   Tumor necrosis factor- α

TGF-β -   Transforming growth factor-β

UCB   -   Umbilical cord blood

NK cells -   Natural killer cells

VEGF   -   Vascular growth factor

PIGF   -   Placental growth factor

PRRs   -   Pattern-recognition receptors

APH   -   Antigen presenting cell

MHC   -   Major histocompatibility complex

INF   -   Interferon

CTL	-	Cytotoxic T cell
TNFSF	-	Tumor necrosis factor-superfamily
TNFRSF	-	Tumor necrosis factor receptor superfamily
CRP	-	C-reactive protein
NHL	-	Non-Hodgkin lymphoma
MDA	-	Malondialdehyde
MCP	-	Monocyte chemotactic protein
DISC	-	Death-inducing signalling complex
LT	-	Lymphotoxin
sEng	-	Soluble endoglin
ET	-	Endothelin

INTRODUÇÃO

A manutenção da gravidez é uma rede de comunicação complexa entre os tecidos fetais e maternos que impede a invasão excessiva da parede uterina materna, proporcionando ao feto um ambiente quiescente. O "aloenxerto fetal" sobrevive em gestações de mamíferos. Os antigénios fetais são reconhecidos como estranhos pela mãe e o feto continua a crescer sem ser rejeitado.[1]

Na interface feto-materna, os diferentes tipos de células imunitárias maternas e fetais, como as células assassinas naturais (NK) uterinas, as células dendríticas, as células T e os macrófagos, são de particular importância. Além disso, as células da placenta, como os trofoblastos e as células deciduais, contribuem para o processo. Na gravidez normal, o equilíbrio entre o meio anti-inflamatório e o meio pró-inflamatório altera-se a favor da imunossupressão para evitar a rejeição imunitária do aloenxerto fetal e promover o desenvolvimento citoarquitectónico normal da placenta. Para manter a gravidez, as células imunitárias e placentárias produzem diferentes moléculas, incluindo factores de crescimento, hormonas, citocinas e quimiocinas.[1, 2]

A gravidez passa de um estado geral de imunossupressão para um novo estado que tem em conta a comunicação imunitária feto-materna e a resposta imunológica da mãe aos microrganismos. Vários estudos concluíram que a gravidez normal está associada a um aumento global ligeiro das citocinas Th1 e Th2.[2-4] A adaptação imunitária na gravidez normal tem sido associada a uma diminuição das citocinas T helper 1: interleucina 2 (IL2), interferão-gama (IF γ) e fator de crescimento transformador beta (TGF β), que estão envolvidas na imunidade celular e medeiam a rejeição imunitária do feto; e a um aumento das citocinas T helper 2: interleucinas 4, 5, 6 e 13, que medeiam a imunidade humoral, suprimem a imunidade celular e, assim, evitam a rejeição imunitária do feto.[5-7]

A associação de factores derivados da placenta, como as citocinas inflamatórias, com o fenótipo da pré-eclâmpsia tem sido amplamente demonstrada. Durante a gravidez, a placenta, sendo um órgão de origem fetal, governa muitas das características imunitárias da mãe e qualquer alteração dos factores reguladores da placenta pode também ter um impacto sistémico anormal no perfil imunitário da mãe.[3- 4,8] A população de células imunitárias e o perfil de citocinas na interface feto-materna são importantes para o resultado da gravidez.[3-4,8] O estado das citocinas séricas durante a gravidez e a pré-eclâmpsia não é claro. Vários investigadores têm estudado a variação dos níveis séricos de citocinas à medida que a gravidez avança e têm sido relatados resultados contraditórios.[8-10] O perfil de citocinas durante a gravidez tem sido objeto de vários estudos, uma vez que a sua desregulação pode pôr em risco a gravidez, como se verifica em patologias inflamatórias como a pré-eclâmpsia.[1,8-10]

O fator de necrose tumoral α (TNFα) é um dos vários factores derivados da decídua/trofoblasto/células imunes com capacidade para inibir a invasão extravilosa dos trofoblastos. Foi relatado que o TNF-α desempenha um papel no crescimento adequado dos trofoblastos e na invasão das artérias espirais maternas, e também na limitação da infiltração trofoblástica excessiva e o fator de crescimento transformador β1 (TGF-β1), o TGF-β2 e o TGF-β3 são outras citocinas placentárias que inibem a invasão dos trofoblastos.[11-12]

Durante a implantação, o trofoblasto luta ativamente para invadir e prevalecer, danificando o tecido vascular e endometrial materno, o que resulta no recrutamento e ativação de células imunitárias. Durante o segundo trimestre da gravidez, há um perfil imunitário pacífico (anti-inflamatório) que permite o crescimento do feto e a reativação da inflamação ocorre para o parto.[13]

Reconhece-se que a inflamação exacerbada/perpetuada resulta em complicações da gravidez, como o aborto espontâneo, o trabalho de parto prematuro, a rutura prematura das membranas e a pré-eclâmpsia. Os factores inflamatórios derivados da placenta em proporções anormais têm sido associados à patologia da pré-eclâmpsia e os níveis de TNF-α no líquido amniótico e no soro umbilical foram significativamente mais elevados em gravidezes pré-eclâmpticas graves do que em controlos normotensos.[14-15] Assim, existe um mecanismo placentário compensatório para evitar danos inflamatórios na mãe.[16]

Um estudo registou uma diminuição dos níveis basais e estimulados de IFN-γ, TNF-α, IL-1β e IL-6 ao longo da gestação e um aumento da expressão de IL-10 estimulada por lipopolissacarídeos à medida que a gravidez progredia.[2] No entanto, também foi descrita uma diminuição da IL-10 sérica numa gravidez normal em comparação com mulheres saudáveis não grávidas.[3]

Conrad et al verificaram concentrações aumentadas de TNF-α e IL-6 no plasma de mulheres com pré-eclâmpsia em comparação com mulheres grávidas normais no terceiro trimestre, . No entanto, não foram encontradas diferenças na IL-1β e IL-10 plasmáticas entre estes grupos[17] . Um estudo iraniano mostrou níveis séricos significativamente mais elevados de TNF-α e IL-15, mas níveis mais baixos de IL-10 na pré-eclâmpsia em comparação com mulheres grávidas normotensas.[18]

A expressão de TNF-α e IL-6 é significativamente mais elevada nas artérias e veias umbilicais de mulheres pré-eclâmpticas do que nos controlos.[19] Além disso, a via de sinalização do TGF-β está regulada para baixo em placentas obtidas de pacientes pré-eclâmpticas.[20]

A pré-eclâmpsia é uma das principais causas de mortalidade e morbilidade materna e fetal. A PE está associada a um estado inflamatório e ao stress oxidativo na circulação materna.[11] Existem poucos dados sobre a inflamação no sangue do cordão umbilical (SCU) na presença de pré-eclâmpsia.

A principal ação do fator de crescimento transformador beta (TGF-β) no sistema imunitário consiste em inibir a proliferação e a diferenciação dos linfócitos, controlando a ativação de outros leucócitos. O fator de crescimento transformador beta1 (TGF-β1) promove a proliferação, a diferenciação e a angiogénese celulares e é essencial para o desenvolvimento do oócito e do embrião inicial. Pode ser produzido tanto pelas células da granulosa como pelas células tecais do folículo. Para além disso, o TGF-β1 foi localizado nas vilosidades da placenta. Outros papéis possíveis incluem a regulação do crescimento fetal e a supressão das respostas imunitárias maternas. Foi demonstrado que modula a imunotolerância materna durante a implantação e pode ter um papel fisiopatológico na pré-eclâmpsia.[21-22]

Foi demonstrado que o TGF-β1 suprime a produção de citocinas pró-inflamatórias por macrófagos e linfócitos, respetivamente.[23] Endoglin é um coreceptor de TGF-β expresso em células endoteliais e sinciciotrofoblastos da placenta e é necessário para a proliferação e migração de células endoteliais mediadas por TGF-/ALK1-.[24 The] O papel do TGF-β no crescimento fetal humano e na pré-eclampsia não foi extensivamente estudado em humanos e existem resultados contraditórios. Foi relatada uma alteração da concentração plasmática de TGF-β em mulheres com pré-eclâmpsia em comparação com controlos, sugerindo o envolvimento do TGF-β na fisiopatologia da pré-eclâmpsia.[22] No entanto, algumas experiências levaram à sugestão de que o TGF-β1 não tem qualquer papel na hipertensão da pré-eclâmpsia. [25]

O presente estudo foi concebido para avaliar e comparar os níveis de marcadores inflamatórios no sangue materno e no sangue do cordão umbilical (SCU) em gestações normais e pré-eclâmpticas, medindo os níveis de citocinas pró-inflamatórias (IL-6 e TNF-α e TGF-β).

A pré-eclâmpsia é uma das principais causas de mortalidade e morbilidade materna e fetal. A pré-eclâmpsia é uma doença multissistémica própria da gravidez humana, caracterizada pelo aparecimento de hipertensão e proteinúria após a 20th semana de gestação.[26] A incidência da pré-eclâmpsia é geralmente citada como sendo de cerca de 5%, embora sejam registadas grandes variações. A pré-eclâmpsia complica aproximadamente 10% das gravidezes nulíparas e encontra-se entre as 3 principais causas de morte materna, tanto nos países desenvolvidos como nos países em desenvolvimento.[27] Todos os anos, mais de 4 milhões de mulheres desenvolvem a doença em todo o mundo.

O diagnóstico de pré-eclâmpsia requer uma pressão arterial elevada e proteinúria, mas vários outros sintomas estão frequentemente associados à doença. O esquema de classificação dos distúrbios hipertensivos na gravidez em geral e a definição de pré-eclâmpsia em particular têm sido modificados de forma variável nos últimos anos. Um dos avanços ou alterações mais importantes é a definição de pré-eclâmpsia do ACOG: já não requer a presença de proteinúria, desde que haja evidência de outras lesões dos órgãos terminais. O diagnóstico da pré-eclâmpsia no contexto da DRC pode ser uma das tarefas mais difíceis, se não impossível, uma vez que partilham muitas das mesmas características. Curiosamente, nenhuma das sociedades aborda esta questão nas suas directrizes.[28]

Quadro A: Comparação de definições entre diferentes sociedades[28]				
Categoria	ACOG	SOGC	RCOG	SOMANZ	ISSHP
HTN crónica / HTN essencial	PAS≥140mmHg e/ou PAD≥90mm Hg conhecidas antes da conceção ou detetadas abaixo das 20 semanas de gestação, sem causa subjacente	PAS≥140mmHg e/ou PAD≥90mmHg que se desenvolve antes da gravidez ou com <20+0 semanas de gestação HTN pré-existente com	HTN presente na consulta de marcação ou antes das 20 semanas ou se a mulher já estiver a tomar	PAS≥140mmHg e/ou PAD≥90mm Hg confirmada antes da gravidez ou antes de 20 semanas completas de gestação	Tensão arterial elevada antes da gravidez

		condições comórbidas HTN pré-existente com pré-eclâmpsia sobreposta	medicaçã o anti-hipertensi va quando é encaminh ada para os serviços de maternida de	sem causa conhecida	
HTN gestaci onal	Elevação da PA de início recente após as 20 semanas de gestação, frequenteme nte próximo do termo, na ausência de proteinúria associada	HTN que se desenvolve pela primeira vez às≥20+0 semanas de gestação HTN gestacional com condições comórbidas HTN gestacional com evidência de pré-eclâmpsia	Nova HTN que se apresenta após 20 semanas sem proteinúri a significati va	Novo início de HTN após 20 semanas de gestação sem quaisquer característi cas maternas ou fetais de pré-eclâmpsia, seguido de retorno da PA ao normal com 3 meses pós-parto	Quando a HTN denovo está presente após as 20 semanas de gestação na ausência de proteinúria e de disfunção materna de órgãos/utero placentária
Pré-eclâmp sia/ eclâmp sia	HTN conforme definido acima, associada a proteinúria (excreção de 24 horas≥300m g), diagnosticad a após 20 semanas de gestação sem intercorrênci	HTN gestacional com um ou mais dos seguintes sintomas Nova proteinúria Uma ou mais condições adversas	A pré-eclâmpsia é uma nova HTN que se apresenta após as 20 semanas com proteinúri a significati va A eclâmpsia	Doença multissisté mica exclusiva da gravidez humana caracteriza da por HTN e envolvime nto de um ou mais sistemas de outros órgãos	Quando a HTN denovo está presente após as 20 semanas de gestação, na presença de proteinúria e disfunção materna de órgãos/utero placentária

	as até 2 semanas após o parto Na ausência de proteinúria, HTN de início recente com início recente de qualquer um dos seguintes sintomas Contagem de plaquetas < 1lac/µL, creatinina sérica >1,1md/dL, ou duplicação da concentraçã o na ausência de outra doença renal transaminite para o dobro da concentraçã o normal Edema pulmonar Sintomas cerebrais/vis uais	Uma ou mais complicações graves	é uma condição convulsiv a associada à pré-eclâmpsia Pré-eclâmpsia grave com HTN grave e/ou comprom etimento bioquímic o ou hematológ ico	e/ou do feto	
Pré-eclâmp sia/ Eclamp sia	HTN diagnosticad a antes ou no início da gestação e desenvolvim ento de	HTN juntamente com o desenvolvim ento de um ou mais dos seguintes em ≥20 wk	Não especifica do	Mulher com HTN crónica que desenvolve uma ou mais das característi cas	Uma ou mais das característic as acima referidas de pré-eclâmpsia (ou seja,

				sistémicas da pré-eclâmpsia após as 20 semanas de gestação	proteinúria e disfunção materna de órgãos/utero placentária) ocorrem para além da HTN
Sobreposto Sobre a HTN crónica	proteinúria associada	HTN resistente Proteinúria nova ou agravada Uma ou mais condições adversas Uma ou mais complicações graves			
Outros efeitos da HTN	HTN de bata branca: elevação da PA principalmente na presença de profissionais de saúde	HTN de bata branca: PA elevada no consultório mas consistentemente normal fora do consultório (<135/85 mmHg) por MAPA ou HBPM	Não especificado	HTN de bata branca: tensão arterial elevada na presença de um assistente clínico, mas tensão arterial normal nos restantes casos, avaliada por MAPA ou HBPM	HTN de bata branca: PA normal com MAPA de 24 horas na primeira metade da gravidez

ACOG: American College of Obstetrics and Gynaecology (Colégio Americano de Obstetrícia e Ginecologia); SOGC: Society of Obstetricians and Gynaecologists of Canada (Sociedade de Obstetras e Ginecologistas do Canadá); RCOG: Royal College of Obstetricians and Gynaecologists (Colégio Real de Obstetras e Ginecologistas); SOMNAZ: Society of Obstetric Medicine of New Zealand (Sociedade de Medicina Obstétrica da Nova Zelândia); ISSHP: International Society for Study of Hypertension in Pregnancy (Sociedade Internacional para o Estudo da Hipertensão na Gravidez)

ETIOPATOGÉNESE DA PRÉ-ECLÂMPSIA

Apesar dos intensos esforços de investigação, a etiologia e a patogénese da PE não são completamente compreendidas. O desenvolvimento da pré-eclâmpsia é influenciado por factores de risco genéticos, imunológicos e ambientais, o que sugere uma origem multifatorial. Nenhum mecanismo isolado é responsável por esta síndrome. Foram sugeridas numerosas anomalias fisiopatológicas para explicar os mecanismos. A teoria dominante da origem da pré-eclâmpsia é uma placentação inicial defeituosa com penetração insuficiente dos trofoblastos, o que leva a uma diminuição do fluxo sanguíneo materno através de artérias espirais estreitas.[29]

No entanto, a razão para este comportamento defeituoso do trofoblasto não é conhecida. Um possível mecanismo é algum tipo de disfunção imunológica, resultando num impedimento indesejado da atividade normal do trofoblasto. Outros mecanismos são a disfunção placentária e endotelial, a má adaptação imunológica aos antigénios paternos e uma resposta inflamatória sistémica exagerada.[30-32]

Acredita-se que a pré-eclâmpsia, pelo menos a pré-eclâmpsia de início precoce, evolui em duas fases.[33-38] A primeira fase (menos de 20 semanas de gestação) envolve uma placentação deficiente, altura em que não existem sinais nem sintomas da doença. A segunda fase envolve as consequências de uma placentação deficiente, provavelmente evocada por hipoxia placentária relativa e reperfusão de hipoxia, resultando num sincício danificado e num crescimento fetal limitado, sendo que estes e outros eventos conduzem aos achados clínicos da pré-eclampsia. A ligação entre a placenta relativamente hipóxica e a síndrome materna inclui uma cascata de mecanismos secundários, incluindo um equilíbrio alterado entre factores pró-angiogénicos e antiangiogénicos, um aumento do stress oxidativo materno e disfunção endotelial e imunológica.[36-37] Espera-se que uma maior elucidação destes mecanismos conduza a uma compreensão mais completa da fisiopatologia da pré-eclâmpsia e a uma intervenção terapêutica específica e bem sucedida.

IMPLANTAÇÃO ANORMAL E VASCULOGÉNESE

Acredita-se que um dos principais mecanismos seja a insuficiência placentária devido à remodelação inadequada da vasculatura materna que perfura o espaço interviloso. Durante a gravidez normal, os citotrofoblastos derivados do feto invadem as artérias espirais uterinas maternas, substituindo o seu endotélio e diferenciando-se num fenótipo semelhante ao do endo telecito.[39] Este processo complexo resulta na conversão dos vasos de alta resistência e pequeno diâmetro em vasos de alta capacidade e baixa resistência, assegurando o fornecimento adequado de sangue materno à unidade uteroplacentária em desenvolvimento. Na mulher destinada a desenvolver pré-eclâmpsia, erros mal compreendidos neste esquema cuidadosamente orquestrado levam a um fornecimento inadequado de sangue à unidade uteroplacentária em desenvolvimento e aumentam o grau de hipoxemia e de stress oxidativo e do retículo endoplasmático.

Os mecanismos exactos responsáveis pela invasão anormal dos trofoblastos e pela remodelação vascular na pré-eclâmpsia não são claros. Num estudo, os investigadores referiram que a falha desta transformação fisiológica na ausência de Notch está associada à redução do diâmetro dos vasos e da perfusão placentária. As suas descobertas de que os citotrofoblastos perivasculares e endovasculares frequentemente não expressam o ligando Notch, JAG1, na pré-eclâmpsia, fornecem mais evidências de que os defeitos na sinalização Notch podem ser uma parte importante da patogénese desta complicação da gravidez.[40] Outros estudos também sugeriram que a variabilidade dos genes do sistema imunitário que codificam as principais moléculas do complexo histocom patibilidade e os receptores natural killer também podem afetar a placentação humana. Os autores relataram que combinações específicas de moléculas do complexo principal de histocompatibilidade fetal e genes maternos de receptores natural killer em humanos estão correlacionados com o risco de pré-eclâmpsia.[41]

ACTIVAÇÃO E DISFUNÇÃO ENDOTELIAL

O endotélio vascular materno das mulheres destinadas a desenvolver pré-eclâmpsia parece ser um importante alvo de factores que são presumivelmente gerados através da isquemia placentária e da hipoxia.[36-37, 42] O endotélio vascular tem muitas funções importantes, incluindo o controlo do tónus do músculo liso através da libertação de vasoconstritores e vasodilatadores e a regulação das funções anticoagulante, antiplaquetária e fibrinolítica através da libertação de diferentes factores solúveis. Foram relatadas alterações na concentração circulante de muitos marcadores de disfunção endotelial em mulheres que desenvolvem pré-eclâmpsia.[36-37, 42] O estado materno pode influenciar a resposta endotelial a factores desencadeados pela isquemia placentária e hipoxia na pré-eclâmpsia. Existem provas irrefutáveis, por exemplo, de que a obesidade aumenta o risco de pré-eclâmpsia. Um índice de massa corporal superior a 39 aumenta o risco em três vezes.[43]

FACTORES QUE RELACIONAM A ISQUEMIA E A HIPOXIA PLACENTÁRIAS COM A SÍNDROME MATERNA

Factores angiogénicos

Em resposta à hipoxia placentária, propõe-se que a placenta produza factores patogénicos que entram na corrente sanguínea materna e são responsáveis pela disfunção endotelial e por outras manifestações clínicas da doença. São libertadas várias moléculas, mas entre elas, os factores antiangiogénicos e auto-imunes ou inflamatórios têm recebido recentemente a maior atenção.[44, 45] Nestes aspectos, talvez a via mais intensamente estudada na manifestação da pré-eclâmpsia seja a relacionada com a sinalização do fator de crescimento endotelial vascular (VEGF). O fator de crescimento endotelial vascular e o fator de crescimento placentário (PlGF-1), para além do seu papel na angiogénese, são também importantes na manutenção da função adequada das células endoteliais. Esta via de sinalização ganhou destaque com a descoberta de concentrações circulantes e placentárias elevadas da forma solúvel do recetor de VEGF Flt-1 (sFlt-1). A forma solúvel do recetor do VEGF Flt-1 é um recetor solúvel circulante tanto para o VEGF como para o PlGF que, quando aumentado no plasma materno, leva a uma diminuição do VEGF e do PlGF livres circulantes, impedindo assim a sua disponibilidade para estimular a angiogénese e manter a integridade endotelial. No rim, acredita-se que esta inativação do VEGF livre cause endoteliose glomerular com consequente proteinúria. Estudos sobre a regulação do sFlt-1 em cultura de células e em tecido placentário in vitro demonstraram que o sFlt-1 é libertado das vilosidades placentárias e das células trofoblásticas em resposta à redução da tensão de oxigénio, semelhante à observada numa placenta isquémica.[44]

Endotelina

Há cada vez mais evidências que sugerem um papel importante da endotelina-1 (ET-1) na fisiopatologia da pré-eclâmpsia. Dada a miríade de modelos experimentais de pré-eclampsia (isquemia placentária, infusão de sFlt-1, infusão de TNF-α e infusão de AT1-AA) que se revelaram susceptíveis ao antagonismo da ET_A, poderá o sistema ET-1 ser um potencial alvo terapêutico para o tratamento da pré-eclampsia?[46]

Óxido Nítrico

Estudos têm sugerido papéis importantes para o óxido nítrico como regulador da pressão arterial em várias condições fisiológicas e fisiopatológicas. A produção de óxido nítrico é elevada na gravidez normal, e esses aumentos parecem desempenhar um papel importante na vasodilatação da gravidez. Assim, postulou-se que a deficiência de óxido nítrico durante a pré-eclâmpsia poderia estar envolvida no processo da doença.[37]

Stress oxidativo e do retículo endoplasmático

O stress oxidativo também tem sido implicado na pré-eclâmpsia, uma vez que foram registadas concentrações aumentadas de vários marcadores de stress oxidativo temáticos em mulheres com pré-eclâmpsia, entre os quais os peroxinitritos. As concentrações de peroxinitrito no endotélio vascular eram muito mais elevadas em mulheres com pré-eclâmpsia do que em mulheres com gravidezes normais, concomitantemente com a diminuição das concentrações de superóxido dismutase e de óxido nítrico sintase.[47] Há também provas de um aumento do stress oxidativo durante a gestação no modelo de hipertensão do rato RUPP, sugerindo uma ligação entre a isquemia placentária e a hipoxia com a produção de espécies reactivas de oxigénio.[37] Não se registou qualquer efeito da suplementação com vitamina C e vitamina E na hipertensão gestacional. No entanto, o tempol, um fármaco mimético da superóxido dismutase, levou a uma atenuação significativa da resposta hipertensiva.

Também parece haver um excesso de stress do retículo endoplasmático nas placentas de mulheres com pré-eclampsia de início precoce.[42] O stress do retículo endoplasmático ativa várias vias de sinalização destinadas a restaurar a homeostase. Os investigadores propuseram que este mecanismo homeostático falha e que as vias apoptóticas são activadas para alterar a função placentária nas mulheres que desenvolvem pré-eclampsia.[48]

Heme oxigenase

A HO é expressa pelos trofoblastos e foi demonstrado que a sua inibição resulta numa invasão defeituosa dos trofoblastos in vitro. Parece também que o gene de resposta ao stress, heme-oxigenase-1 (HO-1), e o seu produto catalítico, o monóxido de carbono, também podem estar envolvidos na patogénese da pré-eclâmpsia.[49] O bloqueio genético ou farmacológico da HO-1 em animais prenhes conduz a fenótipos semelhantes aos da pré-eclâmpsia.[49] Existem estudos que sugerem o papel protetor da HO-1 e dos seus produtos catalíticos contra a progressão da pré-eclâmpsia, interferindo em locais da via que liga a hipóxia placentária à hipertensão.[50-52] Existem poucos estudos que sugerem que os produtos de combustão do tabaco, como o monóxido de carbono, reduzem o risco de pré-eclâmpsia em mais de 35%.[51] Além disso, os danos celulares mediados pelo TNF-α em explantes de vilosidades placentárias podem ser evitados através da regulação positiva da atividade da enzima HO-1.[50] Foi também demonstrado que as vias da heme oxigenase inibem a libertação de sFlt-1 em vários modelos in vitro.[52]

Estes resultados, em conjunto, fazem da heme oxigenase um potencial alvo de estudos para melhorar o tratamento da pré-eclâmpsia. A este respeito, foi demonstrado que os fármacos cardiovasculares (CV), as estatinas, estimulam a expressão de HO-1 e inibem a libertação de sFlt-1 in vivo e in vitro; assim, têm o potencial de melhorar a pré-eclampsia de início precoce.

Via do sulfureto de hidrogénio

O sistema gerador de sulfureto de hidrogénio (H_2S) também tem sido implicado na patogénese da pré-eclâmpsia. O H_2S é um gás conhecido por ter propriedades vasodilatadoras, citoprotectoras e angiogénicas semelhantes às do CO. O H_2S é gerado por três enzimas, a cistationina g-liase, a cistationina b-sintase e a 3-mercaptopiruvato sulfurtransferase, utilizando os substratos cistationina, homocisteína, cisteína e mercaptopiruvato.[28] Os níveis de H_2S não só demonstraram estar diminuídos na pré-eclâmpsia, como parecem modular os níveis de sFlt-1 e sEng. Este mecanismo pode estar dependente do VEGF.[28]

Proteínas mal dobradas

Foi demonstrado que as placentas pré-eclâmpticas acumulam aglomerados de proteínas mal dobradas, o que pode contribuir para a fisiopatologia da doença. [28] Buhimschi et al propuseram que as amostras de urina na pré-eclâmpsia apresentavam zoofilia, um marcador bem reconhecido de instabilidade e deformação de proteínas. [28]

DETERMINANTES PATERNOS DA PRÉ-ECLÂMPSIA

A placenta é a pedra angular da pré-eclâmpsia e apresenta importantes determinantes genéticos paternos; de facto, foi proposta a existência de um "antigénio paterno". A nuliparidade é um fator de risco bem conhecido. A mudança de parceiro para uma mulher sem historial de pré-eclampsia aumenta o risco; no entanto, esta mudança diminui nas mulheres com historial da doença. Os intervalos elevados entre gravidezes, as relações sexuais curtas antes da gravidez e a conceção por injeção intracitoplasmática de esperma sugerem uma exposição limitada ao chamado antigénio paterno. Um homem que nasceu de uma mãe com pré-eclampsia também aumenta o risco para a sua parceira. A obesidade, não só materna mas também paterna, é um fator de risco para a pré-eclâmpsia. As variantes HLA-G fetais do pai aumentam a incompatibilidade imunitária com a mãe e estão também significativamente associadas à pré-eclâmpsia em gravidezes multigestas.[53]

Num estudo, uma mulher com três maridos diferentes apresentou pré-eclâmpsia apenas na primeira gravidez do segundo e terceiro cônjuges, o que demonstrou que a pré-eclâmpsia não é apenas uma doença de mulheres primíparas, mas também uma condição relacionada com a primeira gravidez com um determinado parceiro.[54] O estudo de Guadalupe revelou um aumento da mudança de parceiro nas mulheres multíparas afectadas pela pré-eclâmpsia. Uma mulher grávida de um parceiro que anteriormente era pai de uma mulher com pré-eclâmpsia apresentava um risco elevado de desenvolver a doença.[55]

Provas imunológicas

A pré-eclampsia é um estado em que o aloantigénio (placenta de origem paterna) deve ser reconhecido para evitar a rejeição. As células do trofoblasto têm de expressar aloantigénios paternos que têm de ser reconhecidos pelo sistema imunitário da mãe. O trofoblasto extraviloso expressa diferentes HLA-C, E, F e G.[56] O HLA-C é o ligando de receptores do tipo imunoglobulina (KIR) que são expressos em células natural killer (NK) deciduais.[57] O fluido seminal contém quantidades elevadas de TGF-β que induzem as células T-reguladoras (Treg); estas células modulam as respostas imunitárias de uma forma específica para um antigénio. Por conseguinte, os efeitos da interação HLA-C/KIR mais a atividade de iniciação seminal do TGF-β poderiam, em certa medida, explicar a natureza imunitária do envolvimento do pai na pré-eclâmpsia.[58]

FACTORES IMUNITÁRIOS E INFLAMAÇÃO

Uma das primeiras e mais persistentes teorias sobre as origens da pré-eclâmpsia é a de que se trata de uma perturbação da imunidade e da inflamação.[59] A resposta inflamatória é despoletada por partículas libertadas da superfície sincicial da placenta humana, desde grandes fragmentos multinucleares deportados até componentes subcelulares. Estas partículas circulantes estão aumentadas na pré-eclâmpsia. Os investigadores propuseram que os fragmentos incluem proteínas pró-inflamatórias que podem contribuir para a resposta inflamatória sistémica na gravidez normal e para a resposta inflamatória exagerada na pré-eclampsia.[59]

Outra área relacionada com a componente imunitária da pré-eclâmpsia é a investigação relacionada com o anticorpo agonista AT1-AA.[60-61] Estes auto-anticorpos, isolados há mais de uma década em mulheres com pré-eclampsia, têm sido estudados mais intensamente nos últimos tempos, incluindo a sua identificação na circulação de ratos submetidos a isquémia placentária. Estes anticorpos parecem ser induzidos pela produção da citocina fator de necrose tumoral (TNF-α).[62]

A placenta produz um co-recetor solúvel para TGF-β1 e TGF-β3, a endoglina solúvel (sEng), que está aumentada em doentes com pré-eclâmpsia.[63-64] A expressão de TNF-α e IL-6 é significativamente mais elevada nas artérias e veias umbilicais de mulheres pré-eclâmpticas do que nos controlos.[19] Conrad et al encontraram concentrações aumentadas de TNF-α e IL-6 no plasma de mulheres com pré-eclâmpsia em comparação com mulheres grávidas normais no terceiro trimestre, no entanto, não foram encontradas diferenças na IL-1β e IL-10 plasmáticas entre estes grupos.[17] Um estudo iraniano mostrou níveis séricos significativamente mais elevados de TNF-α e IL-15, mas níveis mais baixos de IL-10 na pré-eclâmpsia em comparação com mulheres grávidas normotensas.[44]

SISTEMA IMUNITÁRIO HUMANO

O sistema imunitário humano pode ser dividido em imunidade inata e imunidade adaptativa. A imunidade inata proporciona uma primeira linha de defesa rápida contra os microrganismos invasores. Os principais tipos de células incluídas na imunidade inata são os macrófagos, as células assassinas naturais (NK) e os granulócitos: mastócitos, neutrófilos, eosinófilos e basófilos.[65-66]

Estas células reconhecem os microrganismos através dos seus receptores de reconhecimento de padrões (PRRs) e respondem imediatamente através da fagocitose dos microrganismos, da erradicação das células infectadas e da cooperação com a resposta imunitária adaptativa.[65-66] As células imunitárias inatas iniciam as respostas imunitárias e começam a dirigir as respostas imunitárias adaptativas, bem como a ajudar a resposta imunitária adaptativa na remoção dos agentes patogénicos visados pela resposta imunitária adaptativa. São necessários 4 a 7 dias para iniciar a resposta imunitária adaptativa e, durante este período, a resposta imunitária inata tem um papel fundamental no controlo das infecções.[66]

Os macrófagos activados e as células NK segregam citocinas e quimiocinas, que iniciam a resposta inflamatória e ajudam a destruir as partículas fagocitadas.[65-66] Além disso, os macrófagos podem apresentar antigénios das partículas fagocitadas. A imunidade adaptativa reage mais lentamente do que a imunidade inata, mas tem respostas protectoras específicas do antigénio mais duradouras e altamente evoluídas, como a produção de anticorpos e a imunidade mediada por células. As células incluídas na imunidade adaptativa são os linfócitos B e T, e estas células são também responsáveis pela memória imunológica. Os linfócitos B estão envolvidos na defesa humoral contra antigénios extracelulares através da produção de anticorpos especializados após estimulação.

RESPOSTA Th1/Th2 E CITOCINAS

As células T amadurecem no timo e podem ser divididas em vários subconjuntos, dependendo da sua expressão de marcadores e da sua função. Expressam receptores de células T (TCR) distribuídos clonalmente na sua superfície e o complexo CD3 de proteínas que transmite o sinal TCR após a ativação. De acordo com as cadeias proteicas expressas nos seus TCR, os linfócitos T podem ser divididos em linfócitos TCRαβ e

TCRγδ que diferem na sua biologia e função. A ativação dos linfócitos αβT depende da apresentação de antigénios através da deteção de péptidos processados na fenda das moléculas MHC de classe I ou de classe II expressas nas APC. Além disso, as células αβT são restritas ao MHC, ou seja, a sua resposta depende de APCs provenientes do mesmo dador que as células T. As células αβT dividem-se em células CD4+ com função auxiliar e células CD8+ com função citotóxica.[67-70]

As células CD4+, também conhecidas como células T helper (Th), desempenham um papel central no início da resposta imunitária. Sob a influência de várias citocinas, diferenciam-se das células T naïve em subconjuntos de células Th (Th1 e Th2, Th17, Treg e Th9), que, por sua vez, regulam diferentes respostas imunitárias através da produção de citocinas.[71-72]

As células CD8+, conhecidas como células T citotóxicas (CTL), são activadas pela resposta de citocinas T helper 1 para matar células infectadas, transformadas ou danificadas de outra forma. Os CTLs matam/lixiviam os seus alvos através de duas vias principais: 1) exocitose de grânulos citolíticos de perforina, granzimas e granulisina e 2) interação FasL/Fas formando um complexo de sinalização indutor de morte (DISC). Em ambos os casos, as etapas finais que conduzem à morte celular são efectuadas pelas reacções da cascata de caspases indutoras de apoptose.[73]

A citocina de assinatura das células Th1 humanas é o interferão (IFN)-γ e a linfotoxina (LT), enquanto as células Th2 são definidas pela sua produção de interleucina IL-4, IL-5, IL-9, IL-6 e IL-13. As citocinas produzidas por estas células T determinam a função efectora, bem como participam no desenvolvimento e expansão de cada subconjunto. O IFN-γ produzido pelas células Th1 promove uma maior diferenciação das células Th1 e inibe as células Th2. Por outro lado, a IL-4 produzida pelas células Th2 promove a diferenciação Th2 e, acompanhada pela IL-10 anti-inflamatória, produzida principalmente por macrófagos activados, inibe a ativação das células Th1. Assim, as células Th1 e Th2 amplificam o seu subconjunto e cada uma regula de forma cruzada a outra.

A regulação da resposta imunitária para executar a vigilância imunitária e manter a tolerância periférica através da imunossupressão é efectuada pelas células T reguladoras (Treg). As células Treg com fenótipo CD4+ CD25++ estão presentes no sangue periférico em número muito reduzido e ajudam na manutenção da tolerância e da homeostasia do organismo através da produção de IL-10 e TGF-β.[66,74-75] Estas células Treg são designadas por células Th3. Em segundo lugar, as células Treg naturais, também chamadas inatas, são derivadas do timo. Propõe-se que impeçam a ativação periférica de células T auto-reactivas que tenham escapado à seleção negativa no timo.[76]

Quadro B: Subconjuntos de células T helper e citocinas envolvidas na regulação do sistema imunitário

A resposta	Diferenciado sob a influência de	Subconjuntos de células T-helper	Citocinas produzidas	Tipo de resposta imunitária promovida
*Th1	IFN-γ,IL-12	Th1	IFN-γ, TNF-γ/ linfotoxina	Resposta citotóxica
Th2	IL-4	Th2	IL-4, IL-5, Il-6, IL-13, IL-24, IL-25, IL-31	Resposta humoral
Th17	TGF-β, IL-1, IL-6, IL-23	Th17	IL-17A, IL-17F, TNF	Resposta inflamatória
Th3/**Tr1	TGF-β, IL-10	**Treg	TGF-β, IL-10	Resposta regulamentar
Th9	IL-4, TGF-β,IL-25	Th9	IL-9	Inflamação alérgica e autoimune, imunidade anti-tumoral

*Th - T helper; **Tr - T regulatory

CITOCINAS PRÓ E ANTI-INFLAMATÓRIAS

Pensa-se que o equilíbrio entre os efeitos das citocinas pró- e anti-inflamatórias determina o resultado da doença.[77] O momento e a localização das citocinas pró e anti-inflamatórias desempenham um papel importante na evolução da doença, tal como demonstrado por Widhe et al., em que os doentes com neuroborreliose não crónica apresentavam níveis mais elevados da citocina pró-inflamatória fator de necrose tumoral (TNF)-α no líquido cefalorraquidiano em comparação com os doentes com a forma crónica da doença.[78] Além disso, os doentes não crónicos apresentavam níveis séricos mais elevados da citocina anti-inflamatória fator de crescimento transformador (TGF-β)2 do que os doentes crónicos. Estes resultados sugerem que é necessária uma reação pró-inflamatória precoce no sistema nervoso central para eliminar a infeção, mas, ao mesmo tempo, os níveis séricos de TGF-β2 aumentam para controlar a resposta imunitária sistémica.

O efeito prejudicial de quantidades excessivas de citocinas pró-inflamatórias também é observado na sépsis. Normalmente, o TNF-α segregado ajuda a conter uma infeção localmente, mas no caso da sépsis, o TNF-α é libertado sistemicamente, o que leva à vasodilatação e à perda de volume plasmático devido ao aumento da permeabilidade vascular, resultando em choque. No choque sético, a coagulação intravascular disseminada é também despoletada pelo TNF-α, levando à hipercoagulação nos capilares e ao consumo maciço de proteínas de coagulação.[66] O conceito de citocinas pró-inflamatórias e anti-inflamatórias baseia-se no facto de os genes que codificam a síntese de moléculas mediadoras serem regulados positivamente durante uma resposta imunitária.[79] As citocinas IL-1 e TNF (e, nalguns casos, IFN-γ) são eficazes na estimulação da expressão destes genes. As quimiocinas, como a IL-8, são quimiotácticas e facilitam a passagem de leucócitos para o tecido a partir do compartimento vascular. Para além disso, são também moléculas pró-inflamatórias. As citocinas anti-inflamatórias bloqueiam ou suprimem a intensidade da cascata pró-inflamatória. Por exemplo, a IL-4, a IL-10, a IL-13 e o TGF-β suprimem a produção de IL-1, TNF, IL-8 e moléculas de adesão vascular. Por conseguinte, pensa-se que o equilíbrio entre os efeitos das citocinas pró-inflamatórias e anti-inflamatórias determina o resultado da doença.

Estrutura e função da interleucina-6

A IL-6 humana natural é uma glicoproteína de cadeia simples com uma massa molecular relacionada que varia entre 21k e 30k, consoante a fonte celular. O gene da IL-6 está localizado no cromossoma 7p21 do genoma humano. Desempenha um papel central em diversos mecanismos de defesa do hospedeiro, como a resposta imunitária, a hematopoiese e as reacções de fase aguda.[80]

Estrutura e função do fator de necrose tumoral-α

Os membros da superfamília TNFSF (Tumor necrosis fator-superfamily) são geralmente proteínas transmembranares homotriméricas do tipo II, muitas das quais podem ser retiradas da superfície celular para actuarem como moléculas sinalizadoras solúveis. A caraterística que define esta família de ligandos extracelulares é o domínio de homologia do TNF (THD) trimérico, composto por três protómeros de gelatina. Estes domínios estão exclusivamente localizados na região C-terminal da proteína. A família pode ser dividida em três grupos, com base na sequência e nas características estruturais do THD. Os membros "convencionais" do TNFSF incluem o TNFα, LTα, LTβ, LTαβ2, Apo2L/TRAIL, TL1A, LIGHT, FasL, RANKL e CD40L. A segunda subfamília de TNFSF, o grupo "EF-dissulfureto", é constituída por APRIL, BAFF, TWEAK e EDA, todos eles com um dissulfureto caraterístico que liga as cadeias E e F. O terceiro grupo de ligandos "divergentes" contém os restantes membros do TNFSF (CD27L, CD30L, GITRL, 4-1BBL e OX40L).[81]

O TNFSF e o TNFRSF são coordenadores importantes no desenvolvimento de muitos órgãos, como os órgãos linfóides, as glândulas mamárias e os folículos pilosos. O sistema RANKL: RANK é importante para a diferenciação terminal da glândula mamária para a lactação durante a gravidez.[81] É interessante que o RANKL: RANK também seja importante para a homeostase óssea; a ativação coordenada dos osteoclastos e a maturação da glândula mamária podem ser importantes para a mobilização de minerais do osso da mãe para o recém-nascido. Os TNFSF têm um papel importante na resposta imunitária inata e na inflamação aguda. Citocinas como o TNF-α são segregadas após o reconhecimento de agentes patogénicos, o que, por sua vez, leva à produção e à regulação positiva de quimiocinas e moléculas de adesão. Isto é principalmente mediado pela capacidade do TNF-α de ativar factores de transcrição da família NK-B, que tem como alvo a expressão de proteínas nas respostas imunitárias e inflamatórias.[81]

Estrutura e função do fator de crescimento tumoral-β

As três isoformas do fator de crescimento transformador-β (TGF-β), TGF-β1, TGF-β2 e TGF-β3, são membros da superfamília TGF, incluindo as proteínas morfogénicas ósseas, as activinas e as inibinas. O fator de crescimento transformador beta1, um homodímero não glicosilado de 25 kDa, ligado por dissulfureto, está envolvido em vários processos fisiológicos, incluindo a apoptose das células endoteliais vasculares, o influxo de cálcio para as células musculares lisas vasculares, a proliferação celular, a imunossupressão e a síntese da matriz extracelular.[82] Além disso, foi também sugerido que o TGF-β1 está envolvido na hipertensão e em várias doenças renais, incluindo doenças inflamatórias e fibróticas. Na gravidez humana, dados experimentais apontam para um papel do TGF-β3, mas não do TGF-β1 e do TGF-β2, na inibição do crescimento e invasão dos trofoblastos, predispondo assim potencialmente para a pré-eclampsia. *No* entanto, os dados *in vivo* mostram que os níveis plasmáticos de TGF-β1 foram aumentados em mulheres com pré-eclâmpsia em comparação com mulheres grávidas saudáveis.[82]

Métodos de estimativa de citocinas

Existem vários métodos de estimativa de citocinas que incluem métodos directos (ELISA, matrizes multiplex, ensaios baseados em esferas e métodos de imunossensorização) e métodos indirectos (utilizando transcrições de ARNm). O método ELISA é mais específico para citocinas individuais, mas é moroso, dispendioso, fiável e analisa uma única citocina de cada vez. A matriz multiplex pode analisar várias citocinas de uma só vez. A técnica de imunossensorização transmite as interacções antigénio-anticorpo em sinais eléctricos, mas esta técnica ainda não está bem estudada. Devido a um número limitado de estudos que investigam as citocinas como ferramentas de diagnóstico na pré-eclâmpsia e no sangue do cordão umbilical e que avaliam os riscos futuros para os recém-nascidos, este estudo ajudará a melhorar os resultados dos doentes. [83]

PAPEL DA INFLAMAÇÃO NA SAÚDE

Um estudo mostrou os efeitos do controlo glicémico nos marcadores de resposta inflamatória representados pela proteína C-reactiva (PCR), fibrinogénio, leucócitos, velocidade de sedimentação e citocina IL-6. Verificou-se um aumento significativo do fibrinogénio (p<0,001), da PCR (p=0,001), da interleucina-6 (p=0,013), dos leucócitos (p<0,001) e da velocidade de sedimentação (p=0,008) na população feminina diabética em comparação com os indivíduos de controlo, o que sugere um papel da inflamação na patogénese da diabetes na população feminina diabética.[84]

A IL-6 e o TNF-α foram associados ao cancro do pulmão (LC) e a IL-6 foi também associada ao cancro colorrectal (CRC). [85] A IL-10 foi investigada no desenvolvimento de linfoma não-Hodgkin (LNH) num estudo prospetivo, tendo sido observada uma associação positiva significativa, bem como com níveis pré-diagnósticos de IL-10, TNF-α e sTNF-R2 numa investigação prospetiva separada.[85]

Os níveis de PCR parecem aumentar modestamente com a idade até à meia-idade nos homens, mas não nas mulheres.[86] Existem poucas provas de um aumento contínuo acima dos 70 anos.[86] Vários factores de risco de doenças cardiovasculares estão associados a níveis mais elevados de PCR, incluindo o tabagismo, a tensão arterial, a diabetes, o índice de massa corporal e a adiposidade abdominal. A PCR está associada a níveis mais baixos de colesterol HDL e a níveis mais elevados de triglicéridos, mas está fracamente associada aos níveis de colesterol total e LDL.[86] Os níveis são mais elevados nas mulheres que estão a fazer terapêutica hormonal de substituição oral.[86] Vários biomarcadores inflamatórios estão associados a um risco acrescido de doença coronária e está em curso uma investigação intensiva para determinar se podem ser alvos de terapia para reduzir o risco de doença coronária.[86]

Wide et al estudaram que os doentes com neuroborreliose não crónica apresentavam níveis mais elevados da citocina pró-inflamatória TNF-α no líquido cefalorraquidiano em comparação com os doentes com a forma crónica da doença.[78] Os doentes não crónicos apresentaram níveis séricos mais elevados da citocina anti-inflamatória TGF-β2 do que os doentes crónicos. Estes resultados sugerem que é necessária uma reação pró-inflamatória precoce no sistema nervoso central para eliminar a infeção, mas, ao mesmo tempo, os níveis séricos de TGF-β2 aumentam para controlar a resposta imunitária sistémica. Os investigadores estudaram que, na pneumonia por Pneumocystis jirovecii (PCP), os doentes apresentavam níveis significativamente mais elevados de IL-1β, TNF- α, IL-6, IL-8 e MCP-1 no LBA e níveis significativamente mais elevados de IL-10, TGF- β1, IL-8, IL-6 e MCP1 no sangue.[87]

IMUNOLOGIA NA GRAVIDEZ NORMAL

Durante a gravidez, o sistema imunitário tem de sofrer adaptações e o sistema imunitário materno desempenha provavelmente um papel no processo de placentação, bem como na manutenção da gravidez. A nível adaptativo, pensa-se que o sistema imunitário durante a gravidez está associado à mudança Th2 (enfraquecimento da imunidade mediada por células e aumento da imunidade humoral).[88] Este facto é apoiado por achados clínicos em mulheres grávidas com artrite reumatoide, que experimentaram a remissão temporária dos sintomas durante a gravidez.[88-90] Foram observados resultados semelhantes em mulheres grávidas com LES. Os sintomas pioraram durante a gravidez.[88, 91] Sacks et al propuseram que a alteração das respostas imunitárias adaptativas durante a gravidez é acompanhada por um aumento da resposta imunitária inata.[92]

IMUNOLOGIA DA PRÉ-ECLÂMPSIA

Em contraste com a gravidez normal, há um aumento da resposta inflamatória com desvio imunitário para Th1 na gravidez pré-eclâmptica.[93] Roberts et al sugeriram que os mediadores libertados pela placenta pré-eclâmptica são responsáveis pela lesão endotelial observada na pré-eclâmpsia.[94] Após o dano, o endotélio lesionado inicia uma cascata disfuncional de coagulação, vasoconstrição e redistribuição do fluido intravascular que resulta na síndrome clínica da pré-eclâmpsia O TNF-α pode ativar as células endoteliais e apresentar danos semelhantes aos observados na pré-eclâmpsia.

Redman et al sugeriram que a pré-eclâmpsia é uma resposta inflamatória materna excessiva à gravidez. De facto, a pré-eclâmpsia está associada a uma inflamação materna sistémica que, a nível adaptativo, foi sugerido ser dominada pela resposta do tipo 1 dos auxiliares T (Th).[95]

Th1/Th2 NA PREECLAMPSIA

Saito et al mediram o número de células Th1 e Th2 durante a gravidez normal e a pré-eclampsia e descobriram que as células Th2 dominavam durante a gravidez normal, enquanto as células Th1 dominavam durante a pré-eclampsia.[96] No mesmo estudo, as mulheres grávidas normais apresentaram uma produção significativamente mais elevada de IL-4 e uma produção mais baixa de IFN-γ do que as mulheres com pré-eclampsia. Darmochwal-Kolarz et al. também encontraram um aumento da produção de IFN-γ em PBMCs estimuladas.[97] Em contrapartida, Gratacos et al verificaram que os níveis séricos de IL-4 e IL-10 não diferiam entre mulheres com gravidezes normais e mulheres com pré-eclampsia.[98]

EQUILÍBRIO PRÓ- E ANTI-INFLAMATÓRIO DURANTE A PRÉ-ECLÂMPSIA

As citocinas são pequenas proteínas não-estruturais, incluindo interleucinas, quimiocinas, interferões e factores de necrose tumoral, que têm uma multiplicidade de efeitos pleiotrópicos em vários órgãos. São libertadas através de várias vias parácrinas, autócrinas ou endócrinas e têm sido implicadas numa série de infecções e doenças que afectam o sistema imunitário, tanto por mecanismos pró-inflamatórios como anti-inflamatórios.[83] As citocinas que têm efeitos pró-inflamatórios incluem o interferão (IFN-) γ, a interleucina (IL-) 17, a IL-1β e o fator de necrose tumoral α, e as que têm efeitos anti-inflamatórios incluem a IL-10, a IL-4 e a IL-1ra.[83] No entanto, a distinção entre os efeitos pró e anti-inflamatórios das citocinas nem sempre é totalmente clara: as interacções das vias desempenham um papel importante, uma vez que os indivíduos e uma combinação de várias citocinas podem contribuir para a regulação positiva ou negativa de outras citocinas e certas citocinas podem ter efeitos pró e anti-inflamatórios.[83]

Udenze et al registaram níveis significativamente elevados de IL-6 e TNF-α em mulheres com pré-eclampsia grave, em comparação com mulheres normotensas.[99] Hayashi et al. obtiveram resultados contrários e referiram que a IL6 na placenta e no sangue não desempenha um papel significativo na indução do equilíbrio imunológico na pré-eclâmpsia.[100] Al-Othman et al. também referiram que não havia diferenças significativas nos níveis de IL6 no soro materno de mulheres pré-eclâmpticas e de mulheres saudáveis normotensas.[101] O estudo Iranian-Khorasanian mostrou que a concentração sérica de TNF-α não está aumentada nas mulheres com pré-eclâmpsia em comparação com as mulheres grávidas de controlo.[102]

POSSÍVEIS CAUSAS PARA AS ALTERAÇÕES DO EQUILÍBRIO IMUNITÁRIO OBSERVADAS NA PRÉ-ECLÂMPSIA

A isquemia na placenta durante a pré-eclâmpsia pode levar à produção e libertação de citocinas na circulação materna. De acordo com Conrad e Benyo, a isquemia pode levar à produção de TNF-α e IL-1. Estas citocinas são capazes de produzir ativação e disfunção das células endoteliais.[103]

As micropartículas apoptóticas de trofoblastos e sinciciotrofoblastos são constantemente libertadas da placenta durante a gravidez, com níveis circulantes aumentados durante a pré-eclâmpsia, tal como referido por Sargent et al.[104] Além disso, estas células trofoblásticas podem evocar uma resposta imunitária na mãe. Neale et al. detectaram um aumento da apoptose das linhas celulares trofoblásticas que foram expostas ao soro de mulheres pré-eclâmpticas; isto pode, por sua vez, indicar um círculo vicioso que envolve os trofoblastos e os efeitos sistémicos maternos gerais durante a pré-eclâmpsia.[105] Além disso, as quantidades excessivas de micropartículas sincitiotrofoblásticas podem ser a causa da ativação Th1 na pré-eclâmpsia.[104] Foi demonstrado que estas partículas inibem a função das células endoteliais e fazem com que estas libertem factores pró-inflamatórios. Além disso, os monócitos podem absorver e processar estas partículas com o possível resultado de um aumento da produção das citocinas pró-inflamatórias TNF-α e IL-12, esta última induzindo Th1.

RISCO FUTURO NA GRAVIDEZ PRÉ-ECLÂMPTICA

A PE é o principal fator de risco materno associado a recém-nascidos de baixo peso e/ou RCIU. A restrição do crescimento intrauterino e/ou a morte fetal podem ocorrer em cerca de 30% dos casos de PE como resultado direto da insuficiência placentária.[106] O risco de complicações neonatais é maior nos casos de PE grave e pré-eclâmpsia. O RCIU está associado a uma elevada taxa de morbilidade e mortalidade perinatal.[107]

Vários estudos indicam que a PE está associada a uma maior incidência de recém-nascidos com baixo peso à nascença.[108-109] Além disso, verificou-se um aumento da incidência de recém-nascidos com baixo peso à nascença nas grávidas que desenvolveram PE numa fase precoce da gravidez, em comparação com as que desenvolveram PE mais tarde. A prematuridade é a principal causa de morbilidade e mortalidade perinatal e a PE está frequentemente associada ao parto pré-termo. Estão descritas algumas complicações neonatais resultantes da gravidez com PEc e que estão associadas à prematuridade, incluindo iterícia, dificuldade respiratória, apneia, convulsões, hipoglicémia e hospitalização prolongada.

TEORIA DE BARKER

De acordo com esta teoria, a origem de algumas doenças crónicas na idade adulta, como as doenças cardiovasculares, a hipertensão e a diabetes, tem origem na vida intra-uterina. Esta hipótese, designada por "programação fetal" ou "origens fetais da doença", sugere que o ambiente intrauterino em que o feto se desenvolve pode estar na origem de doenças na vida adulta.[110] As alterações que podem ocorrer no ambiente intrauterino e que de alguma forma podem perturbar o desenvolvimento normal do feto podem desencadear alterações metabólicas, que podem resultar no desenvolvimento de doenças a longo prazo.[110]

Noutro estudo, os adolescentes com baixo peso à nascença também apresentaram valores de pressão arterial mais elevados do que os adolescentes que nasceram com peso adequado O baixo peso à nascença parece estar associado a um risco acrescido de desenvolver Diabetes mellitus tipo 2, doenças cardiovasculares e hipertensão na vida adulta.[111]

SANGUE DO CORDÃO UMBILICAL; UMA JANELA DE DIAGNÓSTICO

Uma vez que o sangue do cordão umbilical (SCU) está em contacto com todos os tecidos fetais e pode refletir o estado do feto (tanto fisiológico como patológico, se for caso disso), o SCU pode ser comparado com o sangue materno. Durante o desenvolvimento fetal, muitas substâncias reguladoras são trocadas e libertadas no SCU, o que pode refletir o estado fisiológico e patológico do feto e o estado da gravidez. O proteoma neonatal ainda não foi comparado com o proteoma do soro do adulto e o SCU tem a vantagem de ser fácil de obter com um risco mínimo para o dador.[112]

O UCB é um biofluido de valor diagnóstico facilmente disponível. Pode ser obtido facilmente e apresenta riscos reduzidos para os dadores. Além disso, é uma fonte potencial de biomarcadores e células estaminais. Esses biomarcadores são necessários para o diagnóstico e a previsão de complicações resultantes de um encontro intrauterino, como as infecções. Durante o desenvolvimento fetal, muitos factores reguladores influenciam o feto e os produtos metabólicos do feto são libertados no SCU. As alterações nas proteínas do SCU (α-fetoproteína, adiponectina, leptina) são utilizadas como parâmetros diagnósticos e terapêuticos para monitorizar perturbações fetais e neonatais.[112]

ALTERAÇÕES DO SANGUE DO CORDÃO UMBILICAL NA PRÉ-ECLÂMPSIA

Existem vários estudos sobre as alterações maternas na PE, mas há poucos estudos efectuados no sangue do cordão umbilical. Num estudo realizado, amostras de sangue do cordão umbilical de casos de PEc apresentaram uma diminuição significativa das concentrações de PlGF e VEGF e um aumento significativo dos níveis de sVEGFR-1.[112] Esta perturbação, nomeadamente nos valores de PlGF e de sVEGFR-1, parece ser um indicador indireto do envolvimento da disfunção placentária na PE, uma vez que ambos são produzidos primariamente na placenta. Uma relação entre a disfunção placentária e a disfunção endotelial na circulação fetal na PE, sugerida pela correlação positiva significativa que foi identificada entre os níveis de tPA e de sVEGFR-1 no sangue do cordão umbilical. Alguns estudos descrevem um aumento da peroxidação lipídica (MDA), seguido de uma diminuição da capacidade antioxidante total e dos níveis de ácido ascórbico em recém-nascidos cujas mães desenvolveram PE, enquanto outros estudos não relataram qualquer diferença na peroxidação lipídica. [112]

Há pouca informação sobre a avaliação de marcadores inflamatórios em recém-nascidos.[112] Observam-se alterações na resposta inflamatória e disfunções endoteliais no sangue do cordão umbilical de mães com PE. Seria mais realista se fosse realizada uma combinação de informações clínicas e factores de risco, juntamente com uma exploração dos biomarcadores da urina e do sangue. As crianças nascidas de mulheres com pré-eclâmpsia merecem um acompanhamento clínico mais atento numa fase posterior da vida. Uma vez que existe uma maior sensibilização para as origens fetais das doenças do adulto, o rastreio UCB tem potencial para o diagnóstico precoce de doenças futuras em recém-nascidos.

A IL-6 e o TNF-α são citocinas pró-inflamatórias e acredita-se que os seus níveis estejam aumentados durante a pré-eclâmpsia, uma vez que vários estudos já discutidos mostram os seus níveis mais elevados e colocam a hipótese do seu papel na patogénese da pré-eclâmpsia.[99] Por outro lado, de acordo com a literatura, o TGF-β é uma citocina anti-inflamatória e os seus níveis estão diminuídos durante a pré-eclâmpsia, causando uma resposta inflamatória elevada. Existem dados contraditórios relativamente ao papel do TGF-β na pré-eclâmpsia.[20-22] O aumento dos marcadores inflamatórios pode também afetar a circulação fetal e causar riscos futuros para os recém-nascidos. O presente estudo foi concebido para avaliar e comparar os níveis de marcadores inflamatórios (no sangue materno e no sangue do cordão umbilical (SCU)) em gravidezes normais e pré-eclâmpticas.

FINALIDADE E OBJECTIVOS

1. Analisar os níveis de IL-6, TNF-α e TGF-β no sangue materno e no sangue do cordão umbilical de gestantes normotensas.

2. Analisar os níveis de IL-6, TNF-α e TGF-β no sangue materno e do cordão umbilical de mulheres pré-eclâmpticas.

3. Comparar estes níveis em dois grupos e correlacionar com o resultado da gravidez.

MATERIAIS E MÉTODOS

O presente estudo foi realizado no Departamento de Bioquímica em colaboração com o Departamento de Obstetrícia e Ginecologia, Pt. B.D. Sharma PGIMS, Rohtak.

Quarenta mulheres grávidas foram incluídas no estudo e divididas em dois grupos:

GRUPO I (controlo): Vinte mulheres normotensas com gravidez única imediatamente após o parto.

GRUPO II (estudo): Vinte mulheres com idade e gestação equivalentes, com gravidez única e leitura da pressão arterial sistólica $\geq$140 mm Hg ou pressão arterial diastólica $\geq$90 mm Hg com ou sem proteinúria imediatamente após o parto.

CRITÉRIOS DE EXCLUSÃO

1. História de hipertensão crónica.
2. História de qualquer perturbação metabólica antes ou durante a gravidez.
3. Presença de factores de alto risco como anemia, doença cardíaca, diabetes e doença renal.

METODOLOGIA

Nos grupos I e II, 4 ml de sangue venoso materno foram colhidos assepticamente da veia antecubital em tubos de vacutainer com tampa vermelha, 2 ml em vacutainer com EDTA roxo (para investigações hematológicas) e 10 ml de sangue do cordão umbilical foram colhidos em tubos de soro simples da extremidade placentária do cordão umbilical após o parto do bebé. O soro foi separado por centrifugação e conservado. As seguintes investigações foram efectuadas de acordo com métodos normalizados.

As investigações bioquímicas de rotina (hemograma completo, açúcar no sangue, ureia no sangue, creatinina sérica, ácido úrico sérico, proteína na urina, fosfatase alcalina, ALT, AST e bilirrubina sérica foram efectuadas de acordo com métodos enzimáticos padrão por auto-analisador. A IL6, o TNF-α e o TGF-β séricos foram analisados como investigação especial por kits de ensaio de imunoabsorção enzimática de fase sólida (Sunlong biotech).

INTER LEUKIN-6

O princípio foi o método Sandwich-ELISA. [16] A placa de tiras Microelisa foi pré-revestida com um anticorpo específico para a IL-6 a ser testada. Os padrões ou as amostras são adicionados aos poços adequados da placa de tiras Micro ELISA e combinados com o anticorpo específico. Em seguida, adiciona-se um anticorpo conjugado com peroxidase de rábano (HRP) específico para o marcador a cada poço da placa de tiras Micro ELISA e incuba-se. Os componentes livres são lavados. A solução de substrato TMB é adicionada a cada poço. Apenas os poços que contêm o marcador e o anticorpo conjugado com HRP aparecerão a azul e depois ficarão amarelos após a adição da solução de paragem. A densidade ótica (DO) é medida espectrofotometricamente a um comprimento de onda de 450 nm.

ESTABILIDADE E PREPARAÇÃO DO REAGENTE

Os reagentes são estáveis e não abertos até ao prazo de validade quando armazenados a 2-8°C.

MATERIAIS UTILIZADOS

1	Norma : 90 ng/L	0,5 ml×1 frasco
2	Diluente padrão	1,5 ml×1 frasco
3	Reagente conjugado com HRP	3ml×1 frasco
4	Diluente de amostras	3ml×1 frasco
5	Solução de cromogénio A	3ml×1 frasco
6	Solução de cromogénio B	3ml×1 frasco
7	Solução de paragem	3ml×1 frasco
8	solução de lavagem	20 ml (20X)×1 frasco

PROCEDIMENTO

1. Diluição de padrões

Foram colocados dez poços para os padrões de IL-6 numa placa de tiras Micro ELISA. Nos poços 1 e 2, foram adicionados 100µl de solução padrão e 50µl de tampão de diluição padrão e misturados bem. Nos poços 3 e 4, foram adicionados 100µl de solução dos poços 1 e 2, respetivamente. Em seguida, adicionou-se 50µl de tampão de diluição padrão e misturou-se bem. Retirou-se 50µl de solução dos alvéolos 3 e 4. Nos poços 5 e 6, foram adicionados 50µl de solução dos poços 3 e 4, respetivamente. Em seguida, adicionou-se 50µl de tampão de diluição padrão e misturou-se bem. Nos poços 7 e 8, foram adicionados 50µl de solução dos poços 5 e 6, respetivamente. Em seguida, adicionou-se 50µl de tampão de diluição padrão e misturou-se bem. Nos poços 9 e 10, foram adicionados 50µl de solução dos poços 7 e 8, respetivamente. Em seguida, adicionou-se 50µl de tampão de diluição padrão e misturou-se bem. Retiraram-se 50µl de solução dos alvéolos 9 e 10. Após a diluição, o volume total em todos os poços foi de 50µl. As concentrações dos padrões de IL6 foram de 60 ng/L, 40 ng/L, 20 ng/L, 10 ng/L e 5 ng/L, respetivamente.

2. Na placa de tiras Micro ELISA, um poço foi deixado vazio como controlo em branco. Nos poços de amostra, foram adicionados 40µl de tampão de diluição da amostra e 10µl de amostra (o fator de diluição foi 5). As amostras foram colocadas no fundo sem tocar na parede do poço. Misturar bem com uma ligeira agitação.

3. Incubação: incubação de 30 minutos a 37 °C após selagem com a membrana da placa de fecho.

4. Diluição: diluir o tampão de lavagem concentrado com água destilada.

5. Lavagem: O procedimento de lavagem é efectuado 5 vezes com a solução de lavagem fornecida com o kit através da máquina de lavar ELISA.

6. 50 µl de reagente conjugado com HRP em cada poço, exceto no poço de controlo do branco.

7. A incubação é efectuada da mesma forma que na etapa 3.

8. A lavagem é efectuada da mesma forma que na etapa 5.

9. Coloração: Adicionou 50 µl de Solução de Cromogénio A e 50 µl de Solução de Cromogénio B a cada poço, misturou com agitação suave e incubou a 37°C durante 15 minutos.

10. Terminação: Adicionar 50 µl de solução de paragem a cada poço para terminar a reação. A cor do poço mudou de azul para amarelo.

11. Ler a absorvância O.D. a 450nm utilizando um leitor de placas de microtítulo.

CÁLCULO DOS RESULTADOS

As concentrações conhecidas de padrões de IL-6 humana e as respectivas DO de leitura foram representadas nos eixos x e y, respetivamente. A concentração de IL-6 humana nas amostras foi determinada traçando a DO da amostra no eixo Y. A concentração original foi calculada através da multiplicação do fator de diluição.

CV(%) = DP/médiaX100

Intra-ensaio: CV<10%

Inter-ensaio: CV<12%

INTERVALO DO ENSAIO (IL6): 2 ng/L -80 ng/L

SENSIBILIDADE (IL6)   : **0**,5 ng/L

INTER LEUKIN-6

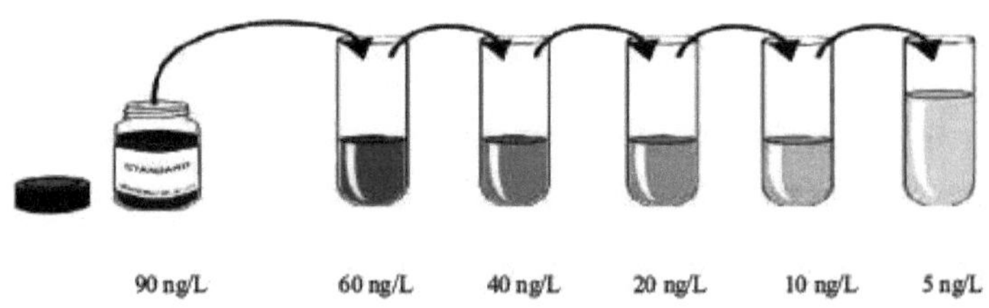

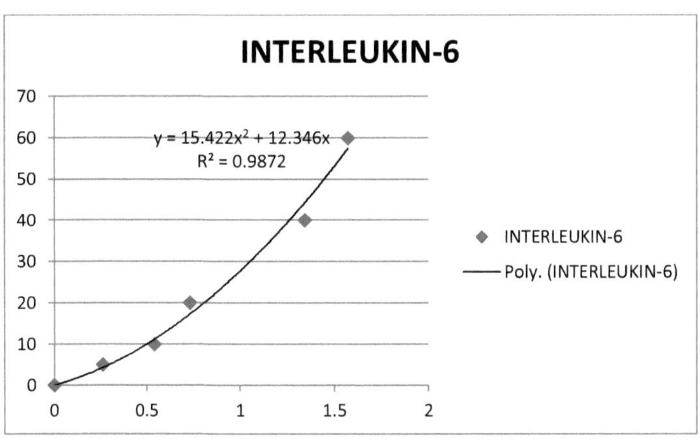

CURVA-PADRÃO DE IL-6

FACTOR DE NECROSE TUMORAL - α

O princípio utilizado foi o método Sandwich-ELISA[9] . A placa de tiras Micro ELISA foi pré-revestida com um anticorpo específico para o TNFα a testar. Os padrões ou as amostras são adicionados aos poços adequados da placa de tiras Micro ELISA e combinados com o anticorpo específico. Em seguida, um anticorpo conjugado com peroxidase de rábano (HRP) específico para o marcador é adicionado a cada poço da placa de tiras Micro ELISA e incubado. Os componentes livres são lavados. A solução de substrato TMB é adicionada a cada poço. Apenas os alvéolos que contêm o marcador e o anticorpo conjugado com HRP apresentam uma coloração azul, que se torna amarela após a adição da solução de paragem. A densidade ótica (DO) é medida espectrofotometricamente a um comprimento de onda de 450 nm.

ESTABILIDADE E PREPARAÇÃO DO REAGENTE

Os reagentes são estáveis e não abertos até ao prazo de validade quando armazenados a 2-8°C.

MATERIAIS UTILIZADOS

1	Norma : 90 ng/L	0,5 ml×1 frasco
2	Diluente padrão	1,5 ml×1 frasco
3	Reagente conjugado com HRP	3ml×1 frasco
4	Diluente de amostras	3ml×1 frasco
5	Solução de cromogénio A	3ml×1 frasco
6	Solução de cromogénio B	3ml×1 frasco
7	Solução de paragem	3ml×1 frasco
8	solução de lavagem	20 ml (20X)×1 frasco

PROCEDIMENTO

1. Diluição dos padrões

Foram colocados dez poços para os padrões de TNFα numa placa de tiras Micro ELISA. Nos poços 1 e 2, foram adicionados 100µl de solução padrão e 50µl de tampão de diluição padrão e misturados bem. Nos poços 3 e 4, foram adicionados 100µl de solução dos poços 1 e 2, respetivamente. Em seguida, adicionou-se 50µl de tampão de diluição padrão e misturou-se bem. Retirou-se 50µl de solução dos alvéolos 3 e 4. Nos poços 5 e 6, foram adicionados 50µl de solução dos poços 3 e 4, respetivamente. Em seguida, foram adicionados 50µl de tampão de diluição padrão e bem misturados. Nos poços 7 e 8, foram adicionados 50µl de solução dos poços 5 e 6, respetivamente. Em seguida, adicionou-se 50µl de tampão de diluição padrão e misturou-se bem. Nos poços 9 e 10, foram adicionados 50µl de solução dos poços 7 e 8, respetivamente. Em seguida, foram adicionados 50µl de tampão de diluição padrão e bem misturados. Foram eliminados 50µl de solução dos poços 9 e 10. Após a diluição, o volume total em todos os poços foi de 50µl. As concentrações dos padrões de TNFα foram de 300 ng/L, 200 ng/L, 100 ng/L, 50 ng/L e 25 ng/L, respetivamente.

2. Na placa de tiras Microelisa, um poço foi deixado vazio como controlo em branco. Nos poços de amostra, foram adicionados 40µl de tampão de diluição da amostra e 10µl de amostra (o fator de diluição foi 5). As amostras foram colocadas no fundo sem tocar na parede do poço. Misturar bem com uma ligeira agitação.

3. Incubação: incubação de 30 min a 37°C após selagem com a membrana da placa de fecho.

4. Diluição: diluir o tampão de lavagem concentrado com água destilada.

5. Lavagem: O procedimento de lavagem é efectuado 5 vezes com a solução de lavagem fornecida com o kit através da máquina de lavar ELISA.

6. Adicionar 50 µl de reagente conjugado com HRP a cada poço, exceto ao poço de controlo do branco.

7. Incubação idêntica à da etapa 3.

8. Lavagem efectuada da mesma forma que na etapa 5.

9. Coloração: Adicionou 50 µl de Solução de Cromogénio A e 50 µl de Solução de Cromogénio B a cada poço, misturou com agitação suave e incubou a 37°C durante 15 minutos.

10. Terminação: Adicionar 50 µl de solução de paragem a cada poço para terminar a reação. A cor no poço mudou de azul para amarelo.

11. Ler a absorvância O.D. a 450nm utilizando um leitor de placas de microtítulo.

CÁLCULO DOS RESULTADOS

As concentrações conhecidas de padrões de TNF-α humano e a respectiva DO de leitura foram representadas nos eixos x e y, respetivamente. A concentração de TNF-α humano nas amostras foi determinada traçando a DO da amostra no eixo Y. A concentração original foi calculada através da multiplicação do fator de diluição.

CV (%) = DP/médiaX100

Intra-ensaio: CV<10%

Inter-ensaio: CV<12%

GAMA DE AVALIAÇÃO (TNF-α): 20 ng/L -400 ng/L

SENSIBILIDADE (TNF-α)   : **6** ng/L

FACTOR DE NECROSE TUMORAL - α

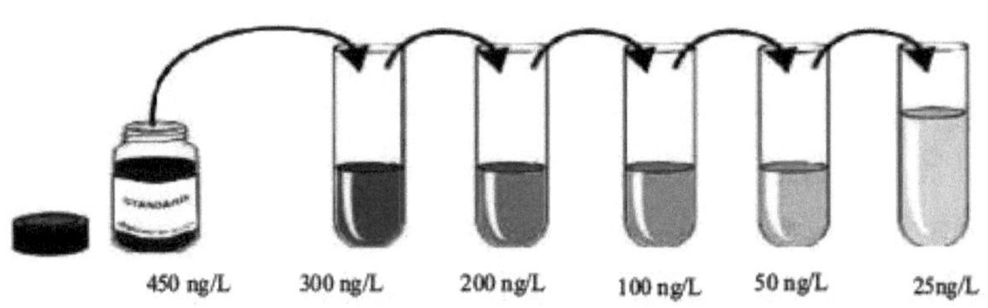

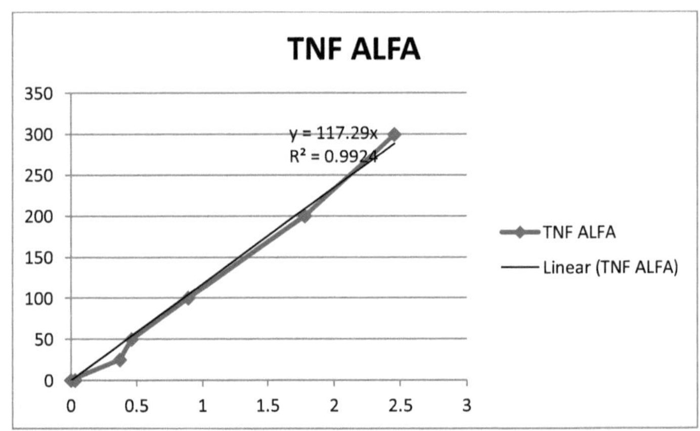

CURVA PADRÃO DE TNF-α

Fator de crescimento tumoral-β

O princípio utilizado foi o método Sandwich-ELISA.[11] A placa de tiras Microelisa foi pré-revestida com um anticorpo específico para o TGFβ a testar. Os padrões ou as amostras são adicionados aos poços Microelisa stripplate adequados e combinados com o anticorpo específico. De seguida, adiciona-se um anticorpo conjugado com peroxidase de rábano (HRP) específico para o marcador a cada poço de Microelisa stripplate e incuba-se. Os componentes livres são lavados. A solução de substrato TMB é adicionada a cada poço. Apenas os poços que contêm o marcador e o anticorpo conjugado com HRP do marcador apresentam uma coloração azul, tornando-se depois amarelos após a adição da solução de paragem. A densidade ótica (DO) é medida espectrofotometricamente a um comprimento de onda de 450 nm.

ESTABILIDADE E PREPARAÇÃO DO REAGENTE

Os reagentes são estáveis fechados até à data de validade quando armazenados a 2-8°C.

MATERIAIS UTILIZADOS

1	Norma : 90 ng/L	0,5 ml×1 frasco
2	Diluente padrão	1,5 ml×1 frasco
3	Reagente conjugado com HRP	3ml×1 frasco
4	Diluente de amostras	3ml×1 frasco
5	Solução de cromogénio A	3ml×1 frasco
6	Solução de cromogénio B	3ml×1 frasco
7	Solução de paragem	3ml×1 frasco
8	solução de lavagem	20 ml (20X)×1 frasco

PROCEDIMENTO

1. Diluição dos padrões

    Foram colocados dez poços para os padrões de TGF-β numa placa de tiras Microelisa. Nos poços 1 e 2, foram adicionados 100µl de solução padrão e 50µl de tampão de diluição padrão e misturados bem. Nos poços 3 e 4, foram adicionados

100µl de solução do poço 1 e do poço 2, respetivamente. Em seguida, foram adicionados 50µl de tampão de diluição padrão e bem misturados. Retiraram-se 50µl de solução dos alvéolos 3 e 4. Nos poços 5 e 6, foram adicionados 50µl de solução do poço 3 e do poço 4, respetivamente. Em seguida, foram adicionados 50µl de tampão de diluição padrão e bem misturados. Nos poços 7 e 8, foram adicionados 50µl de solução dos poços 5 e 6, respetivamente. Em seguida, foram adicionados 50µl de tampão de diluição padrão e bem misturados. Nos poços 9 e 10, foram adicionados 50µl de solução dos poços 7 e 8, respetivamente. Em seguida, foram adicionados 50µl de tampão de diluição padrão e bem misturados. Foram eliminados 50µl de solução dos poços 9 e 10. Após a diluição, o volume total em todos os poços foi de 50µl. As concentrações dos padrões de TGF-β foram 240 pg/ml, 160 pg/ml, 80 pg/ml, 40 pg/ml e 20 pg/ml, respetivamente.

2. Na placa de tiras Microelisa, um poço foi deixado vazio como controlo em branco. Nos poços de amostra, foram adicionados 40µl de tampão de diluição da amostra e 10µl de amostra (o fator de diluição foi 5). As amostras foram colocadas no fundo sem tocar na parede do poço. Misturar bem com uma ligeira agitação.

3. Incubação: incubado 30 min a 37 °C após selado com membrana de placa de fechamento.

4. Diluição: diluir o tampão de lavagem concentrado com água destilada.

5. Lavagem: O procedimento de lavagem é efectuado 5 vezes com a solução de lavagem fornecida com o kit através da máquina de lavar ELISA.

6. Adicionar 50 µl de reagente conjugado com HRP a cada poço, exceto ao poço de controlo do branco.

7. Incubação idêntica à da etapa 3.

8. Lavagem efectuada da mesma forma que na etapa 5.

9. Coloração: Adicionou 50 µl de Solução de Cromogénio A e 50 µl de Solução de Cromogénio B a cada poço, misturou com agitação suave e incubou a 37°C durante 15 minutos.

10. Terminação: Adicionar 50 μl de solução de paragem a cada poço para terminar a reação. A cor no poço mudou de azul para amarelo.

11. Ler a absorvância O.D. a 450nm utilizando um leitor de placas de microtítulo.

12. Ler a absorvância O.D. a 450nm utilizando um leitor de placas de microtítulo. O valor da DO do poço de controlo em branco é definido como zero. O ensaio deve ser efectuado no prazo de 15 minutos após a adição da solução de paragem.

CÁLCULO DOS RESULTADOS

As concentrações conhecidas de padrões de TGF-β humano e a respectiva DO de leitura foram representadas no eixo dos x e no eixo dos y, respetivamente. A concentração de TGF-β humano na amostra foi determinada traçando a DO da amostra no eixo Y. As concentrações originais foram calculadas através da multiplicação do fator de diluição.

CV (%) = DP/médiaX100

Intra-ensaio: CV<10%

Inter-ensaio: CV<12%

GAMA DE AVALIAÇÃO (TGF-β):4pg/ml -300 pg/ml

SENSIBILIDADE (TGF-β) : **0**,8 pg/ml

Fator de crescimento tumoral-β

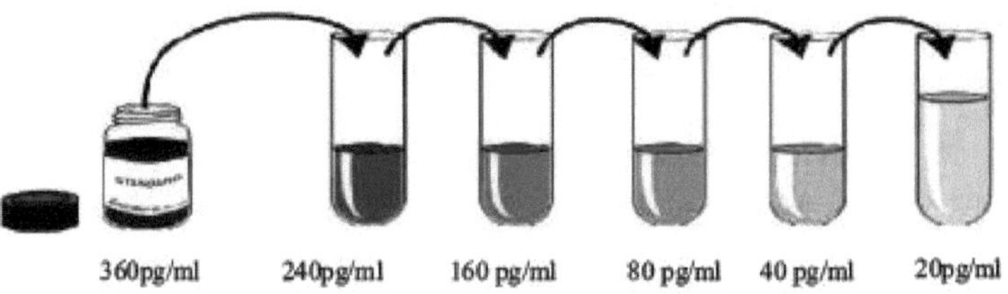

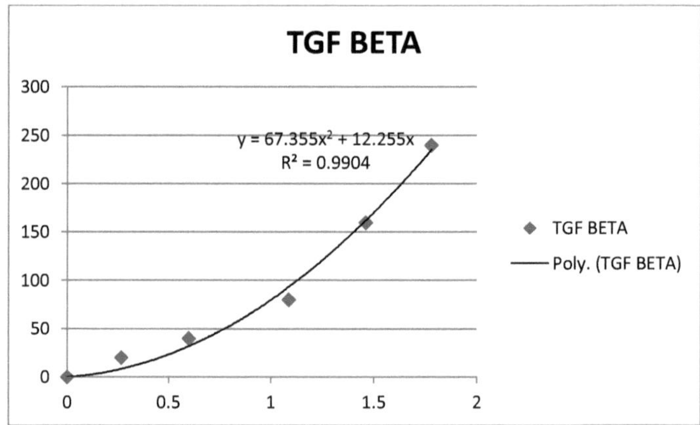

CURVA PADRÃO DE TNF- β

ANÁLISE ESTATÍSTICA

Todas as análises foram efectuadas utilizando o Microsoft Excel 2007. Os resultados foram expressos em valores médios e desvio padrão e foram aplicados o teste "t" não pareado, o teste de correlação de Pearson bicaudal entre variáveis e a análise de regressão. Os dados foram considerados significativos se $p < 0,05$ e altamente significativos com $p < 0,001$.

OBSERVAÇÕES

O presente estudo foi realizado no Departamento de Bioquímica e no Departamento de Obstetrícia e Ginecologia, Pt. B.D. Sharma, PGIMS, Rohtak. O estudo foi realizado para avaliar os níveis séricos de IL-6 (Interleucina-6), TNF-α (fator necrótico tumoral-α) e TGF-β (fator de crescimento tumoral β) em mulheres com pré-eclampsia e compará-los com os de mulheres grávidas normotensas. Os níveis séricos de IL-6, TNF-α e TGF-β no sangue do cordão umbilical de bebés recém-nascidos de mães pré-eclâmpticas foram também estudados e comparados com os de bebés de grávidas normotensas.

No presente estudo, 40 mulheres grávidas foram inscritas e divididas em dois grupos:

Grupo I (controlos): Mulheres grávidas normotensas (n=20)

Grupo II (casos): Mulheres grávidas (n=20) com tensão arterial$\geq$ 140/90 mmHg com ou sem proteinúria.

Foram feitas as seguintes observações:

DISTRIBUIÇÃO ETÁRIA

QUADRO 1
DISTRIBUIÇÃO DA IDADE MATERNA (ANOS)

Faixa etária (anos)	Mulheres grávidas normotensas (grupo I) (n=20)		Mulheres pré-eclâmpticas (grupo II) (n=20)	
	Não.	%	Não.	%
20-24	10	50	9	45
25-29	10	50	11	55

A idade das grávidas normotensas variava entre os 20 e os 30 anos. A idade média das mulheres normotensas (grupo I) e pré-eclâmpticas (grupo II) foi de 24,80 $\pm$ 3,3 e 25,35 $\pm$ 5,0 anos, respetivamente, e eram comparáveis (p=0,682, Tabela 1).

PERÍODO DE GESTAÇÃO NO MOMENTO DO PARTO

QUADRO 2
DISTRIBUIÇÃO DA IDADE GESTACIONAL

Idade gestacional (semanas)	Mulheres grávidas normotensas (grupo I) (n=20)		Mulheres pré-eclâmpticas (grupo II) (n=20)	
	Não.	%	Não.	%
34-37	3	15	6	30
38-41	17	85	14	70

A média do grupo de idade gestacional das mulheres normotensas (grupo I) e pré-eclâmpticas (grupo II) no momento do parto foi de $38,7 \pm 1,13$ e $38,3 \pm 1,45$ semanas, respetivamente, e foram comparáveis [p>0,05(p=0,337), Tabela 2, figura I,II].

MODO DE PARTO EM AMBOS OS GRUPOS

QUADRO 3
MODO DE PARTO NA GRAVIDEZ NORMOTENSA E PRÉ-ECLÂMPTICA

GRUPO	Mulheres grávidas normotensas (grupo I) (n=20)		Mulheres pré-eclâmpticas (grupo II) (n=20)	
	Não.	%	Não.	%
FTND (Full term normal vaginal delivery)	18	90	12	60
PTND (parto vaginal normal pré-termo)	0	0	3	15

LSCS (cesariana de secção inferior)	2	10	5	25

A maioria das mulheres grávidas teve um parto vaginal a termo (FTND) em ambas as categorias, ou seja, 90% nas mães normotensas e 60% nas mulheres com pré-eclâmpsia. Registaram-se 3 partos pré-termo (15%) (PTND) e 5 cesarianas do segmento inferior (25%) nas mulheres pré-eclâmpticas, em comparação com nenhum parto pré-termo e 2 cesarianas do segmento inferior (10%) no grupo de controlo (Quadro 3, Fig. III e IV).

TENSÃO ARTERIAL MÉDIA

QUADRO 4
PRESSÃO SANGUÍNEA MÉDIA EM AMBOS OS GRUPOS (mm Hg)(MÉDIA ± DP)

Parâmetros	Mulheres grávidas normotensas (grupo I) (n=20) Média±SD	Mulheres grávidas pré-eclâmpticas (grupo II) (n=20) Média±SD	Análise estatística
Pressão arterial sistólica (mm Hg)	115.98±5.23	146.5±15.47[***]	<0.001
Pressão arterial diastólica (mm Hg)	75.22±5.69	102±10.99[***]	<0.001

[***]p<0,001 em comparação com o controlo

A pressão arterial sistólica foi de 146,5±15,47 e 115,98±5,23 mmHg e a pressão arterial diastólica foi de 102±10,99 e 75,22±5,69 mmHg no grupo pré-eclâmptico e normotenso, respetivamente. Na análise estatística, a diferença entre os dois grupos foi estatisticamente significativa (p <0,001, Tabela 4, figura V).

INVESTIGAÇÕES DE ROTINA

Os dados relativos a várias investigações bioquímicas de rotina em mulheres normotensas (Grupo I) e pré-eclâmpticas (Grupo II) são apresentados na Tabela 5.

QUADRO 5
INVESTIGAÇÕES DE ROTINA EM AMBOS OS GRUPOS (MÉDIA± SD)

Parâmetros	Mulheres grávidas normotensas (Grupo I) (n=20)	Mulheres pré-eclâmpticas (Grupo II) (n=20)	valor p
Hemoglobina (g/dl)	9.77 ± 1.45	$9.70 \pm 1.58^{+}$	0.881
Ureia no sangue (mg/dl)	22.95 ± 3.95	$21.56 \pm 8.02^{+}$	0.499
Açúcar no sangue (mg/dl)	91.80 ± 5.83	$92.00 \pm 8.96^{+}$	0.933
Bilirrubina sérica (mg/dl)	0.53 ± 0.08	$0.48 \pm 0.08^{+}$	0.093
AST/SGOT (U/L)	35.30 ± 4.92	$49.20 \pm 66.21^{+}$	0.362
ALT/SGPT (U/L)	16.45 ± 2.54	$15.20 \pm 7.43^{+}$	0.48
Fosfatase alcalina sérica (U/L)	193.45 ± 13.45	$156.10 \pm 26.25^{***}$	0.0000045
Creatinina sérica (mg/dl)	0.56 ± 0.08	$0.60 \pm 0.18^{+}$	0.339
Ácido úrico sérico (mg/dl)	3.32 ± 0.31	$3.70 \pm 0.30^{***}$	0.00063

[***]p<0,001 em comparação com o controlo

Nas mulheres pré-eclâmpticas, os níveis séricos de ácido úrico e fosfatase alcalina foram significativamente mais elevados em comparação com as mulheres normotensas (p<0,001, Tabela 5). Os níveis médios de hemoglobina, ureia no sangue e bilirrubina sérica foram inferiores nas mulheres pré-eclâmpticas em comparação com as mulheres grávidas normais, mas a diferença não foi significativa (p>0,05). Os valores médios de AST, ALT e creatinina sérica foram mais elevados nas mães pré-eclâmpticas do que nas mães normotensas, mas a diferença não foi estatisticamente significativa (p<0,05, Tabela 5).

PERFIL LIPÍDICO

QUADRO 6
PERFIL LÍMPIDO EM AMBOS OS GRUPOS (Média ± DP)

Parâmetros	Mulheres grávidas normotensas (grupo I) (n=20)	Mulheres pré-eclâmpticas (grupo II) (n=20)	valor p
Triglicéridos séricos (mg/dl)	130.85 ± 83.11	$188.6 \pm 73.69^{*}$	0.025
Colesterol sérico (mg/dl)	185.40 ± 41.20	$230.4 \pm 46.43^{**}$	0.003
LDL-C(mg/dl)	111.18 ± 30.59	$170.6 \pm 37.15^{***}$	<0.001
VLDL-C(mg/dl)	26.17 ± 16.62	$37.7 \pm 14.81^{*}$	0.026
HDL-C (mg/dl)	48.05 ± 5.15	$21.75 \pm 11.41^{***}$	<0.001
LDL-C/ HDL-C	11.22	2.37^{***}	0.0003

*** p<0,001 em comparação com o controlo

Os níveis médios de triglicéridos e colesterol séricos foram significativamente mais elevados no grupo pré-eclâmptico do que nas grávidas normotensas (p<0,05, Tabela 6, figura VI). Nas mulheres pré-eclâmpticas, os níveis de LDL-C e VLDL-C também foram significativamente mais elevados (p<0,001, p<0,05, Tabela 6, figura VI) em comparação com as mulheres grávidas normotensas e os níveis de HDL-C foram significativamente mais baixos em comparação com as mulheres normotensas (p<0,001). No presente estudo, o rácio LDL-C/HDL-C foi de 7,8 nas mulheres pré-eclâmpticas em comparação com 2,3 nas mulheres normotensas e a diferença foi significativa [p=0,0003 (p<0,001), figura VII].

INQUÉRITOS ESPECIAIS

Foram efectuadas investigações especiais do soro materno e do sangue do cordão umbilical, nomeadamente IL-6, TNF-α e TGF-β, em ambos os grupos.

Níveis séricos de IL-6 e de TNF-α e TGF-β no sangue do cordão umbilical e no sangue materno

QUADRO 7
NÍVEIS SÉRICOS MATERNAIS DE IL-6, TNF-α E TGF-β EM AMBOS OS GRUPOS
[Média± SD, pg/ml]

Parâmetro (pg/ml)	Mulheres grávidas normotensas (grupo I) (n=20)	Mulheres pré-eclâmpticas (grupo II) (n=20)	valor p
IL6 sérica (pg/ml)	4.45±2.14	16.55±15.24**	0.0021

| TNF-α sérico (pg/ml) | 19.82±7.19 | 49.54±39.34[**] | 0.0033 |
| TGF-β sérico (pg/ml) | 2.28±0.76 | 3.36±2.93[+] | 0.1652 |

[**]p<0,01 em comparação com o controlo

[+] NS em comparação com o controlo

Os níveis séricos maternos de IL6, TNF-α e TGF-β foram mais elevados nas mães pré-eclâmpticas em comparação com as grávidas normotensas, tendo a diferença sido significativa nos níveis séricos de IL-6 e TNF-α (p<0,05; Tabela 7, figura VIII), mas não foi significativa no caso do TGF-β.

QUADRO 8

NÍVEIS DE IL-6, TNF-α E TGF-β NO SANGUE DO CORDÃO EM AMBOS OS GRUPOS

[Média± SD, pg/ml]

Parâmetro (pg/ml)	Mulheres grávidas normotensas (grupo I) (n=20)	Mulheres pré-eclâmpticas (grupo II) (n=20)	valor p
IL6 sérica (pg/ml)	1.79±1.14	7.20±5.56[***]	0.00034
TNF-α sérico (pg/ml)	9.96±4.94	34.49±23.85[***]	0.00020
TGF-β sérico (pg/ml)	1.38±0.73	1.85±1.66[+]	0.25040

[***]p<0,001 em comparação com o controlo

[+] NS em comparação com o controlo

Os níveis séricos de IL6 e TNF-α foram significativamente elevados no sangue do cordão umbilical de mulheres pré-eclâmpticas em comparação com o sangue do cordão umbilical de mulheres grávidas normotensas (p<0,001; Tabela 8). Além disso, os níveis de TGF-β no sangue do cordão umbilical eram mais elevados nas mulheres pré-eclâmpticas do que nas mulheres grávidas normotensas, mas a diferença não foi significativa (p>0,05; Tabela 8, figura IX).

QUADRO 9

COMPARAÇÃO DOS NÍVEIS SÉRICOS MATERNAIS DE IL-6, TNF-α E TGF-β COM O SANGUE DO CORDÃO EM AMBOS OS GRUPOS

[Média± SD, pg/ml]

Parâmetro (pg/ml)	Mulheres grávidas normotensas (grupo I) (n=20)			Mulheres pré-eclâmpticas (grupo II) (n=20)		
	IL-6 sérica (pg/ml)	TNF-α sérico (pg/ml)	TGF-β sérico (pg/ml)	IL-6 sérica (pg/ml)	TNF-α sérico (pg/ml)	TGF-β sérico (pg/ml)
Materno	4.45±2.14	19.82±7.19	2.28±0.76	16.55±15.24	49.54±39.34	3.36±2.93
Sangue do cordão umbilical	1.79±1.14[**]	9.96±4.94[**]	1.38±0.73[*]	7.20±5.56[**]	34.49±23.85[***]	1.85±1.66[*]
valor p	0.002	0.008	0.03	0.000342	0.000195	0.041168

[*] p<0,05 em comparação com o controlo

[**] p<0,01 em comparação com o controlo

[***] p<0,001 em comparação com o controlo

Os níveis séricos de IL-6 e TNF-α no sangue do cordão umbilical foram inferiores aos níveis maternos nos grupos de mulheres normotensas e pré-eclâmpticas, sendo a diferença estatisticamente muito significativa (p<.001, Tabela 9, figura X). Além disso, o TGF-β sérico médio no sangue do cordão umbilical foi significativamente mais baixo nas mulheres normotensas do que nas mulheres com pré-eclâmpsia. A diferença entre o nível materno e o nível do sangue do cordão umbilical foi muito maior nas pré-eclâmpticas do que nas normotensas.

QUADRO 10

PROPORÇÃO DOS NÍVEIS DE IL6, TNF-α E TGF-β NO SANGUE DO CORDÃO EM COMPARAÇÃO COM OS NÍVEIS MATERNAIS EM AMBOS OS GRUPOS (Média ± DP, pg/ml)

	IL-6 sérica (pg/ml)			TNF-α sérico (pg/ml)			TGF-β sérico (pg/ml)		
	Materno	Sangue do cordão umbilical	%	Materno	Sangue do cordão umbilical	%	Materno	Sangue do cordão umbilical	%
Grupo I (n=20)	4.45±2.14	1.79±1.14[**]	40.2	19.82±7.19	9.96±4.94[**]	50.2	2.28±0.76	1.38±0.73[*]	60.5
Grupo II (n=20)	16.55±15.24	7.20±5.56[**]	43.5	49.54±39.34	34.49±23.8[***]	69.6	3.36±2.93	1.85±1.66[*]	55.0

[*] p<0,05 em comparação com o soro materno

[**] p<0,01 em comparação com o soro materno

[***] p<0,001 em comparação com o soro materno

Os níveis de IL-6 no sangue do cordão umbilical na gravidez normal foram significativamente mais baixos do que no sangue materno, sendo de 40,2% e 43,5% no grupo pré-eclâmptico, ligeiramente superiores aos do grupo normotenso. Os níveis de

TNF-α no sangue do cordão umbilical na gravidez normal também foram significativamente inferiores aos do sangue materno, sendo 50,2% dos valores maternos e, no grupo pré-eclâmptico, foram 69,6% dos níveis maternos. Os níveis de TGF-β no sangue do cordão umbilical eram 60,5% dos níveis maternos nas mulheres normotensas e estavam diminuídos nas mulheres pré-eclâmpticas e eram 55,0% dos níveis maternos (Tabela 10). A diminuição dos níveis de IL-6, TNF-α e TGF-β no sangue do cordão umbilical foi maior nas mulheres com pré-eclâmpsia do que nas normotensas.

QUADRO 11
CORRELAÇÃO ENTRE IL-6, TNF-α E
NÍVEIS DE TGF-β EM AMBOS OS GRUPOS

Parâmetro (pg/ml)	Mulheres grávidas normotensas (grupo I) (n=20)		Mulheres pré-eclâmpticas (grupo II) (n=20)	
Sangue materno vs. sangue do cordão umbilical	R	valor p	R	valor p
IL-6 sérica (pg/ml)	+0.773	0.000064[***]	+0.482	0.031[*]
TNF-α sérico (pg/ml)	+0.268	0.251[+]	-0.053	0.824[+]
TGF-β sérico (pg/ml)	+0.339	0.143[+]	-0.099	0.675[+]

[*]p<0,05 em comparação com o controlo

[***] p<0,001 em comparação com o controlo

[+] NS em comparação com o controlo

Foi encontrada uma correlação positiva entre os níveis de IL-6 no sangue materno e no sangue do cordão umbilical, que foi altamente significativa (r= 0,773, p<0,001, Tabela 11, figura XI) em mulheres normotensas. Além disso, em mulheres pré-eclâmpticas, foi observada uma correlação positiva entre os níveis de IL-6 no soro materno e no sangue do cordão umbilical (r= 0,482, p<0,05, Tabela 11, figura XII). A correlação positiva entre os níveis DE TNF-α materno e do sangue do cordão umbilical e os níveis séricos de TGF-β no caso das mulheres grávidas normotensas (r= 0,268, p=0,251; r= 0,339, p=0,143, respetivamente) foi invertida no caso das mulheres pré-eclâmpticas (r= -0,053, p=0,824; r= -0,099, p=0,675, respetivamente, Tabela 11).

Níveis de IL-6, TNF-α e TGF-β no sangue materno e no cordão umbilical, consoante o género

QUADRO 12

NÍVEIS DE IL-6, TNF-α E TGF-β NO SANGUE MATERNO E NO CORDÃO EM MULHERES GRÁVIDAS NORMOTENSIVAS, SEGUNDO O GÉNERO [Média± DP, pg/ml]

Género	IL-6 sérica (pg/ml)		TNF-α sérico (pg/ml)		TGF-β sérico (pg/ml)	
	Materno	Sangue do cordão umbilical	Materno	Sangue do cordão umbilical	Materno	Sangue do cordão umbilical
Total	4.45±2.14	1.79±1.14	19.82±7.19	9.96±4.94	2.28±0.76	1.38±0.73
Masculino (n=12)	4.09±1.91[+]	1.46±0.76[+]	19.57±5.54[+]	8.92±4.17[+]	2.17±0.80[+]	1.38±0.76[+]
Valor de p (total vs. masculino)	0.620	0.332	0.910	0.528	0.696	0.998

Feminino (n=8)	4.99±2.48[+]	2.29±1.46[+]	20.21±9.58[+]	11.53±5.86[+]	2.45±0.73[+]	1.38±0.73[+]
Valor de p (total vs. feminino)	0.599	0.406	0.919	0.518	0.696	0.998
valor p (homem vs. mulher)	0.402	0.171	0.866	0.297	0.420	0.996

[+] p=NS em comparação com o soro materno/sangue do cordão umbilical de homens/mulheres

Na comparação entre o sexo masculino e o sexo feminino, os níveis séricos de IL-6, TNF-α e TGF-β foram mais elevados no sangue materno e no sangue do cordão umbilical do bebé do sexo feminino do que no sangue materno e no sangue do cordão umbilical do bebé do sexo masculino em mães normotensas, mas a diferença não foi estatisticamente significativa (p>0,05, Tabela 12). Ao comparar os níveis séricos totais e femininos de IL-6, TNF-α e TGF-β no sangue materno e no cordão umbilical em mães normotensas com bebés do sexo feminino, verificou-se que eram mais elevados em comparação com os níveis totais de IL-6, TNF-α e TGF-β no sangue materno e no cordão umbilical, respetivamente, não tendo a diferença sido estatisticamente significativa (p>0,05, Tabela 12). Este padrão inverteu-se no caso do bebé masculino total vs. masculino, os níveis de IL-6, TNF-α e TGF-β no sangue materno e no cordão umbilical foram mais baixos do que os níveis de IL-6, TNF-α e TGF-β no soro materno e no sangue do cordão umbilical, respetivamente, em mães normotensas, não tendo a diferença sido estatisticamente significativa (p>0,05, Tabela 12).

Por outro lado, os níveis séricos de TGF-β no sangue do cordão umbilical de bebés do sexo masculino e feminino eram comparáveis aos níveis séricos totais de TGF-β no sangue do cordão umbilical de mulheres grávidas normotensas.

QUADRO 13

NÍVEIS DE IL-6, TNF-α E TGF-β NO SANGUE MATERNO E NO CORDÃO EM MULHERES PRÉ-ECLÂMICAS, SEGUNDO O GÉNERO [média± DP, pg/ml]

	IL-6 sérica (pg/ml)		TNF-α sérico (pg/ml)		TGF-β sérico (pg/ml)	
	Materno	Sangue do cordão umbilical	Materno	Sangue do cordão umbilical	Materno	Sangue do cordão umbilical
Total	16.55±15.24	7.20±5.56	49.54±39.34	34.49±23.85	3.36±2.93	1.85±1.66
Masculino (n=6)	14.19±9.01[+]	6.26±2.60[+]	73.73±49.53[+]	41.19±40.71[+]	2.30±1.81[+]	1.29±1.01[+]
Valor de p (total vs. masculino)	0.645	0.572	0.308	0.714	0.300	0.327
Feminino (n=14)	17.56±17.45[+]	7.60±6.48[+]	39.73±49.53[+]	31.62±12.82[+]	3.81±3.25[+]	2.09±1.85[+]
Valor de p (total vs. feminino)	0.862	0.851	0.393	0.653	0.697	0.699

valor p (homem vs. mulher)	0.570	0.510	0.156	0.597	0.202	0.220

[+] p=NS em comparação com o soro materno/sangue do cordão umbilical de homens/mulheres

Ao comparar o sexo masculino com o sexo feminino, os níveis séricos de IL-6 e TGF-β foram mais elevados nos níveis maternos e do sangue do cordão umbilical em mães pré-eclâmpticas com bebés do sexo feminino em comparação com os níveis maternos e do sangue do cordão umbilical com bebés do sexo masculino, mas a diferença não foi estatisticamente significativa (p>0,05, Tabela 13). Por outro lado, os níveis séricos de TNF-α foram mais elevados no sangue materno e no sangue do cordão umbilical de mães pré-eclâmpticas com bebés do sexo masculino em comparação com os de bebés do sexo feminino, mas a diferença não foi estatisticamente significativa (p>0,05, Tabela 13).

Ao comparar os níveis séricos de IL-6 e de TGF-β no sangue materno e no sangue do cordão umbilical de mães pré-eclâmpticas com bebés do sexo feminino, os níveis séricos totais de IL-6 e de TGF-β no sangue materno e no sangue do cordão umbilical de mães pré-eclâmpticas foram mais elevados do que os níveis séricos totais de IL-6 e de TGF-β de mães pré-eclâmpticas, mas a diferença não foi estatisticamente significativa (p>0,05, Tabela 13).

Durante a comparação dos níveis de TNF-α totais vs. masculinos, maternos e do sangue do cordão umbilical foram mais elevados em mães pré-eclâmpticas com bebés do sexo masculino, em comparação com os níveis séricos totais de TNF-α no sangue materno e do cordão umbilical de mães pré-eclâmpticas, a diferença não foi estatisticamente significativa (p>0,05, Tabela 13).

COMPARAÇÃO DOS NÍVEIS MATERNOS E DO SANGUE DO CORDÃO UMBILICAL EM AMBOS OS GRUPOS COM BEBÉS DO MESMO SEXO

QUADRO 14

NÍVEIS DE IL-6, TNF-α E TGF-β NO SANGUE MATERNO E NO CORDÃO EM AMBOS OS GRUPOS COM BEBÉS DO GÉNERO MASCULINO [Média± SD, pg/ml]

	IL-6 sérica (pg/ml)		TNF-α sérico (pg/ml)		TGF-β sérico (pg/ml)	
	Materno	Sangue do cordão umbilical	Materno	Sangue do cordão umbilical	Materno	Sangue do cordão umbilical
Mulheres grávidas normotensas (grupo I) (n=20)	4.09±1.91	1.46±0.76	19.57±5.54	8.92±4.17	2.17±0.80	1.38±0.76
Mulheres pré-eclâmpticas (grupo II) (n=20)	14.19±9.01[a]	6.26±2.60[b]	73.73±49.53[a]	41.19±40.71[+]	2.30±1.81[+]	1.29±1.01[+]
valor p	0.040	0.006	0.044	0.110	0.870	0.850

[a] p<0,05 em comparação com os controlos

[b] p<0,01 em comparação com os controlos

[+] p=NS em comparação com os controlos

Os níveis de IL-6, TNF-α e TGF-β no soro materno e no sangue do cordão umbilical foram mais elevados nas mães pré-eclâmpticas com bebés do sexo masculino em comparação com as mães normotensas com bebés do sexo masculino, tendo a diferença sido estatisticamente significativa nos níveis de IL-6 e TNF-α no soro materno e no sangue do cordão umbilical (p<0,05, p<0,01, p<0,05 respetivamente, figura XIII). Os níveis de TGF-β no sangue do cordão umbilical das mães pré-eclâmpticas com bebés do sexo masculino foram inferiores aos das mães normotensas com bebés do sexo masculino, mas a diferença não foi estatisticamente significativa (p>0,05, Tabela 14).

QUADRO 15

NÍVEIS DE IL-6, TNF-α E TGF-β NO SANGUE MATERNO E NO CORDÃO EM AMBOS OS GRUPOS COM BEBÉS FEMININOS [Média± SD, pg/ml]

	IL-6 sérica (pg/ml)		TNF-α sérico (pg/ml)		TGF-β sérico (pg/ml)	
	Materno	Sangue do cordão umbilical	Materno	Sangue do cordão umbilical	Materno	Sangue do cordão umbilical
Mulheres grávidas normotensas (grupo I) (n=20)	4.99±2.48	2.29±1.46	20.21±9.58	11.53±5.86	2.45±0.73	1.38±0.73
Mulheres pré-eclâmpticas (grupo II) (n=20)	17.56±17.45 [a]	7.60±6.48 [a]	39.73±49.53 [a]	31.62±12.82 [c]	3.81±3.25 [+]	2.09±1.85 [+]
valor p	0.019	0.010	0.04	0.000076	0.154	0.213

[a] $p < 0,05$ em comparação com o controlo

[c] $p < 0,001$ em comparação com o controlo

[+] p=NS em comparação com os controlos

Os níveis maternos e do sangue do cordão umbilical de IL-6 sérica e os níveis maternos de TNF-α sérico foram mais elevados nas mães pré-eclâmpticas com bebés do sexo feminino em comparação com as mães normotensas com bebés do sexo feminino, a diferença foi estatisticamente significativa (p<0,05, Tabela 15, figura XIV). No sangue do cordão umbilical das mulheres pré-eclâmpticas, os níveis séricos de TNF-α foram significativamente muito elevados em comparação com os das mulheres grávidas normotensas com bebé do sexo feminino (p<0,001, Tabela 15). No entanto, os níveis de TGF-β no sangue do cordão umbilical e no soro materno das mães pré-eclâmpticas com bebé do sexo feminino eram mais elevados do que os das mães normotensas com bebé do sexo feminino, mas estatisticamente não eram significativos (p<0,05)

COMPARAÇÃO DOS NÍVEIS DE IL-6, TNF-α E TGF-β NO SANGUE MATERNO E NO CORDÃO EM AMBOS OS GRUPOS

QUADRO 16

COMPARAÇÃO DOS NÍVEIS DE IL-6, TNF-α E TGF β NO SANGUE MATERNO E NO CORDÃO EM AMBOS OS GRUPOS COM BEBÉS DO GÉNERO MASCULINO [Média± DP, pg/ml]

	IL-6 sérica (pg/ml)		TNF-α sérico (pg/ml)		TGF-β sérico (pg/ml)	
	Mulheres grávidas normotensas (grupo I) (n=20)	Mulheres pré-eclâmpticas (grupo II) (n=20)	Mulheres grávidas normotensas (grupo I) (n=20)	Mulheres pré-eclâmpticas (grupo II) (n=20)	Mulheres grávidas normotensas (grupo I) (n=20)	Mulheres pré-eclâmpticas (grupo II) (n=20)
Materno	4.09±1.91	14.19±9.01	19.57±5.54	73.73±49.53	2.17±0.80	2.30±1.81
					1.38±0.76 [a]	

Sangue do cordão umbilical	1.46±0.76 [c]	6.26±2.60[+]	8.92±4.17 [c]	41.19±40.71[+]		1.29±1.01[+]
valor p	0.0006	0.05	0.00003	0.244	0.02	0.26

[a]p < 0,05 em comparação com o controlo

[c]p < 0,001 em comparação com o controlo

[+]NS em comparação com o controlo

Os níveis maternos dos níveis séricos de IL-6 e TNF-α foram mais elevados nas grávidas normotensas com bebé do sexo masculino em comparação com os níveis do sangue do cordão umbilical e a diferença foi altamente significativa (p<0,001, Tabela 16). Os níveis séricos de TGF-β foram significativamente mais elevados nas mães normotensas com bebé do sexo masculino em comparação com os níveis do sangue do cordão umbilical do bebé do sexo masculino (p<0,05, Tabela 16). Além disso, nas mães pré-eclâmpticas com bebé do sexo masculino, os níveis séricos de IL-6, TNF-α e TGF-β eram mais elevados do que os níveis do sangue do cordão umbilical do bebé do sexo masculino, mas a diferença não era estatisticamente significativa (p > 0,05, Tabela 16, figura XV).

QUADRO 17

comparação entre a IL-6, o TNF-α e o TNF-α do sangue materno e do cordão umbilical

NÍVEIS DE TGF-β EM AMBOS OS GRUPOS COM BEBÉS FEMININOS

[Média± SD, pg/ml]

	IL-6 sérica (pg/ml)		TNF-α sérico (pg/ml)		TGF-β sérico (pg/ml)	
	Mulheres grávidas	Mulheres pré-	Mulheres grávidas	Mulheres pré-	Mulheres	Mulheres pré-

	normotensas (grupo I) (n=20)	eclâmpticas (grupo II) (n=20)	normotensas (grupo I) (n=20)	eclâmpticas (grupo II) (n=20)	grávidas normotensas (grupo I) (n=20)	eclâmpticas (grupo II) (n=20)
Materno	4.99±2.48	17.56±17.45	20.21±9.58	39.73±49.53	2.45±0.73	3.81±3.25
Sangue do cordão umbilical	2.29±1.46 [a]	7.60±6.48	11.53±5.86 [a]	31.62±12.82	1.38±0.73 [a]	2.09±1.85
valor p	0.022	0.06	0.04	0.40	0.01	0.10

[a] $p < 0,05$ em comparação com o controlo

Os níveis maternos dos níveis séricos de IL-6, TNF-α e TGF-β foram mais elevados nas grávidas normotensas com bebé do sexo feminino em comparação com os níveis no sangue do cordão umbilical do bebé do sexo feminino e a diferença foi estatisticamente significativa ($p<0,05$, Tabela 17, figura XVI). Por outro lado, os níveis séricos maternos de IL-6, TNF-α e TGF-β não foram significativos no grupo pré-eclâmptico com bebé do sexo feminino, em comparação com os níveis do sangue do cordão umbilical.

QUADRO 18

CORRELAÇÃO DOS NÍVEIS DE IL-6, TNF-α E TGF-β NO SANGUE MATERNO E NO CORDÃO EM AMBOS OS GRUPOS

	Mulheres grávidas normotensas (grupo I) (n=20)		Mulheres pré-eclâmpticas (grupo II) (n=20)	
	r	valor p	r	valor p
IL-6 sérica materna *vs.* TNF-α materno	0.305	0.190[+]	0.151	0.523[+]
IL-6 sérica do sangue do cordão umbilical *vs.* TNF-α do sangue do cordão umbilical	0.084	0.730[+]	-0.030	0.194[+]
IL-6 sérica materna vs. TGF-β materno	-0.060	0.799[+]	-0.129	0.587[+]
IL-6 sérica do sangue do cordão umbilical vs. TGF-β do sangue do cordão umbilical	0.080	0.724[+]	0.296	0.205[+]
TNF-α sérico materno vs. TGF-β materno	0.074	0.753[+]	-0.159	0.502[+]
TNF-α sérico do sangue do cordão umbilical vs. TGF-β do sangue do cordão umbilical	0.400	0.080[+]	-0.176	0.457[+]

[+] NS em comparação com o controlo

Nas grávidas normotensas, verificou-se uma correlação positiva não significativa entre os níveis séricos de IL-6 vs. TNF-α, tanto no sangue materno como no sangue do cordão umbilical (r=0,305, p>0,05; r=0,084, p>0,05) e entre os níveis séricos DE TNF-α vs. TGF-β (r=0,074, p>0,05; r=0,400, p>0,05). Em mulheres grávidas normotensas, os níveis séricos de IL-6 vs. TGF-β apresentaram uma correlação positiva no sangue do cordão umbilical (r=0,080, p>0,05) e uma correlação negativa no soro materno (r=-0,060, p>0,05), mas não foram significativos em ambos os casos. Nas mulheres pré-eclâmpticas, foi observada uma correlação positiva não significativa entre os níveis séricos maternos de IL-6 e de TNF-α (r=0,151, p>0,05, Tabela 18), bem como entre os níveis de IL-6 e de TGF-β no sangue do cordão umbilical (r=0,296, p>0,05). Por outro lado, os níveis séricos de IL-6 foram negativamente correlacionados com os níveis séricos de TGF-β no soro materno (r=-0,129, p>0,05) e também foram negativamente correlacionados no sangue do cordão umbilical com o TNF-α sérico (r=-0,30, p>0,05, Tabela 18), mas não significativos em ambos os casos. O TNF-α do sangue do cordão umbilical e do soro materno correlacionou-se negativamente com o TGF-β sérico em mulheres pré-eclâmpticas (r=-0,176, p>0,05; r=-0,159, p>0,05, Tabela 18), mas não foi significativo.

QUADRO 19

CORRELAÇÃO DE PARÂMETROS (IL-6, TNF-α, TGF-β) COM ÁCIDO ÚRICO EM AMBOS OS GRUPOS

	Mulheres grávidas normotensas (grupo I) (n=20)		Mulheres pré-eclâmpticas (grupo II) (n=20)	
	r	valor p	r	valor p
Ácido úrico sérico materno *vs.* IL-6 materna	0.31	0.176[+]	0.077	0.746[+]
Ácido úrico sérico materno vs. TNF-α materno	0.08	0.711[+]	0.61	0.0042[**]
Ácido úrico sérico materno vs. TGF-β materno	-0.136	0.565[+]	-0.35	0.131[+]

[**]p < 0,01 em comparação com o controlo

[+] NS em comparação com o controlo

Foi encontrada uma correlação positiva não significativa entre a IL-6 sérica materna e o ácido úrico sérico em mulheres normotensas e pré-eclâmpticas (r=0,31, p>0,05; r=0,077, p>0,05, Tabela 19). A correlação positiva significativa entre TNF-α materno vs. ácido úrico foi encontrada em mulheres pré-eclâmpticas (r=0,61, p<0,01, Tabela 19), e não foi significativa em mulheres normotensas (r=0,08, p>0,05, Tabela 19, figura XVII). O TGF-β sérico materno correlacionou-se negativamente com o ácido úrico sérico, tanto nas normotensas como nas pré-eclâmpticas, mas a correlação não foi significativa.

RESULTADO DA GRAVIDEZ

COMPARAÇÃO DO PESO DO RECÉM-NASCIDO ENTRE GRÁVIDAS NORMAIS E MULHERES COM PRÉ-ECLÂMPSIA

QUADRO 20
COMPARAÇÃO DO PESO À NASCENÇA

Peso à nascença (Kg)	Mulheres grávidas normais (grupo I) (n=20)		Mulheres pré-eclâmpticas (grupo II) (n=20)	
	Não.	Percentagem	Não.	Percentagem
≤ 2.5	5	25	8	40
≥ 2.6	15	75	12	60

A maioria dos bebés tinha um peso à nascença ≥ 2,6 Kg, ou seja, 75% nas grávidas normotensas (figura XVIII) e 60% nas mulheres com pré-eclâmpsia (figura XIX). O peso médio à nascença nas grávidas normotensas (grupo I) e pré-eclâmpticas (grupo II) foi de 2,71± 0,30 kg e 2,59± 0,36 kg, respetivamente, sendo comparáveis (p>0,05, Tabela 20).

COMPARAÇÃO DO ÍNDICE DE APGAR ENTRE OS DOIS GRUPOS

QUADRO 21
COMPARAÇÃO DO ÍNDICE DE APGAR

Pontuação de Apgar	Mulheres grávidas normotensas (Grupo I) (n=20)	Mulheres pré-eclâmpticas (Grupo II) (n=20)

(<7)	Não.	Percentagem (%)	Não.	Percentagem (%)
Em 1 minuto	1	5	11	55
Aos 5 minutos	0	0	1	5

A maioria dos bebés nasceu com um bom índice de Apgar. 55% dos bebés de mães pré-eclâmpticas tiveram um Apgar de 1 minuto <7, em comparação com 5% no grupo de grávidas normotensas (Tabela 21, figura XX). 5% dos bebés de mães pré-eclâmpticas tiveram um Apgar de 5 minutos <7. Na mãe normotensa, nenhum bebé teve Apgar de 5 minutos <7.

CORRELAÇÃO DOS PARÂMETROS (IL-6, TNF-α E TGF-β) COM O RESULTADO DA GRAVIDEZ EM AMBOS OS GRUPOS

QUADRO 22

CORRELAÇÃO DOS NÍVEIS DE IL-6, TNF-α E TGF-β NO SANGUE MATERNO E NO CORDÃO COM A IDADE GESTACIONAL EM AMBOS OS GRUPOS

Parâmetro vs. idade gestacional	Mulheres grávidas normotensas (grupo I) (n=20)		Mulheres pré-eclâmpticas (grupo II) (n=20)	
	r	valor p	r	valor p
IL-6 materna *vs.* idade gestacional	0.62	0.003[**]	0.60	0.004[**]
TNF-α materno *vs.* idade gestacional	0.12	0.594[+]	0.02	0.931[+]
TGF-β materno *vs.* idade gestacional	-0.10	0.666[+]	0.44	0.051[+]
IL-6 do sangue do cordão umbilical *vs.* idade gestacional	0.52	0.017[*]	0.43	0.050[+]
TNF-α do sangue do cordão umbilical *vs.* idade gestacional	-0.05	0.810[+]	-0.18	0.42[+]
TGF-β do sangue do cordão umbilical *vs.* idade gestacional	-0.30	0.194[+]	-0.0004	0.99[+]

[*] p < 0,05 em comparação com o controlo

[**] p < 0,01 em comparação com o controlo

[+] NS em comparação com o controlo

Foi observada uma correlação positiva significativa entre a IL-6 sérica materna e a idade gestacional tanto no grupo normotenso como no grupo pré-eclâmptico [r=0,62; p=0,003(p<0,01) figura XXI; r=0,60; p=0,004 (p<0,01) figura XXII, respetivamente]. Além disso, a correlação entre a IL-6 do sangue do cordão umbilical e a idade gestacional no grupo normotenso [r=0,52, p=0,017 (p<0,05)] e no grupo pré-eclâmptico [r=0,43, p=0,051 (p>0,05)] foi positiva e significativa no grupo normotenso. A correlação DO TNF-α sérico materno com a idade gestacional foi positiva tanto no grupo normotenso como no grupo pré-eclâmptico, mas não foi significativa (r=0,12, p>0,05; r=0,02, p>0,05, respetivamente). O TGF-β sérico materno e a idade gestacional estavam negativamente correlacionados no grupo normotenso, enquanto no grupo pré-eclâmptico estavam correlacionados positivamente, não sendo significativos em ambos os casos (r=-0,10, p>0,05; r=0,44, p>0,05, respetivamente). No grupo normotenso e pré-eclâmptico, os níveis séricos de TNF-α no sangue do cordão umbilical (r=-0,05, p>0,05; r=-0,18, p>0,05) e de TGF-β no soro (r=-0,30, p>0,05; r=-0,0004, p>0,05) foram negativamente correlacionados com a idade gestacional, mas não foram significativos (Tabela 22)

QUADRO 23

CORRELAÇÃO DOS NÍVEIS DE IL-6, TNF-α E TGF-β NO SANGUE MATERNO E NO CORDÃO COM O PESO DO NASCIMENTO EM AMBOS OS GRUPOS

Parâmetro vs. peso à nascença	Mulheres grávidas normotensas (Grupo I) (n=20)		Mulheres pré-eclâmpticas (Grupo II) (n=20)	
	r	valor p	r	valor p
IL-6 materna *vs.* peso à nascença	0.14	0.53[+]	0.01	0.941[+]
TNF-α materno *vs.* peso à nascença	0.23	0.31[+]	0.34	0.139[+]
TGF-β materno *vs.* peso à nascença	0.61	0.003[**]	0.10	0.05[+]

IL-6 no sangue do cordão umbilical *vs.* peso à nascença	0.11	0.64[+]	0.25	0.268[+]
TNF-α do sangue do cordão umbilical *vs.* peso à nascença	0.41	0.07[+]	0.10	0.66[+]
TGF-β do sangue do cordão umbilical *vs.* peso à nascença	0.30	0.18[+]	-0.03	0.87[+]

[**]$p < 0,01$ em comparação com o controlo

[+] NS em comparação com o controlo

Os níveis séricos de IL-6 e TNF-α no sangue materno e do cordão umbilical foram positivamente correlacionados com o peso do bebé à nascença, tanto em mulheres normotensas ($r=0,14$, $p>0,05$; $r=0,11$, $p>0.05$; $r=0,23$, $p>0,05$; $r=0,41,p>0,05$) e em mulheres pré-eclâmpticas ($r=0,01$, $p>0,05$; $r=0,25$, $p>0,05$; $r=0,34$, $p>0,05$; $r=0,10$, $p>0,05$), mas não foram significativas. Os níveis séricos maternos de TGF-β foram positivamente correlacionados nos normotensos [$r=0,61$, $p=0,003$ ($p<0,01$)] e a correlação foi significativa. Não foi observada uma correlação significativa nas mulheres pré-eclâmpticas ($r=0,10$, $p>0,05$). Por outro lado, os níveis séricos de TGF-β no sangue do cordão umbilical estavam positivamente correlacionados no grupo normotenso ($r=0,30$, $p>0,05$) e negativamente correlacionados no grupo pré-eclâmptico ($r=0,03$, $p>0,05$), não sendo estatisticamente significativos em ambos (Tabela 23).

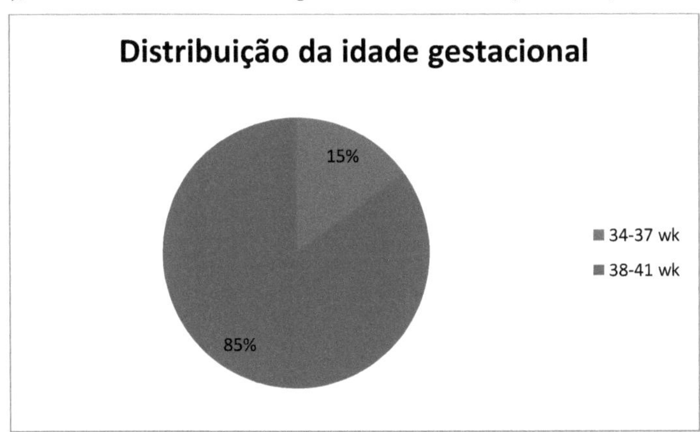

Figura I: Distribuição da idade gestacional em mulheres normotensas (Grupo I)

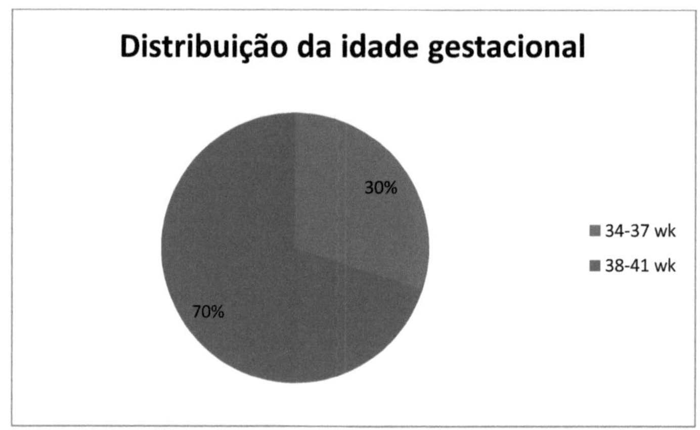

Figura II: Distribuição da idade gestacional nas mulheres pré-eclâmpticas (Grupo II)

Figura III: Modo de parto em mulheres normotensas (grupo I)

Figura IV: Modo de parto em mulheres pré-eclâmpticas (grupo II)

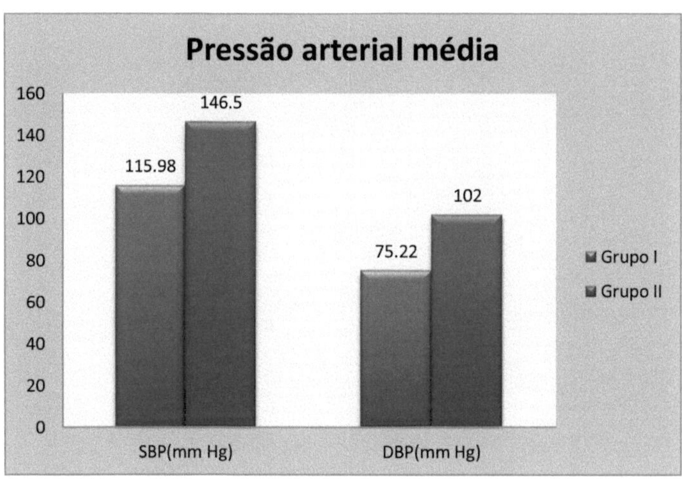

Figura V: Comparação da pressão arterial média no grupo I e no grupo II

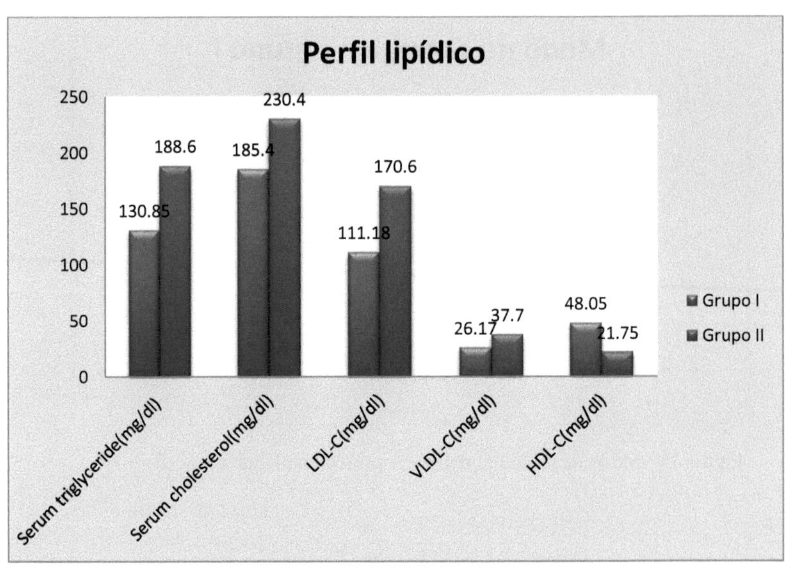

Figura VI: Comparação do perfil lipídico no grupo I e no grupo II

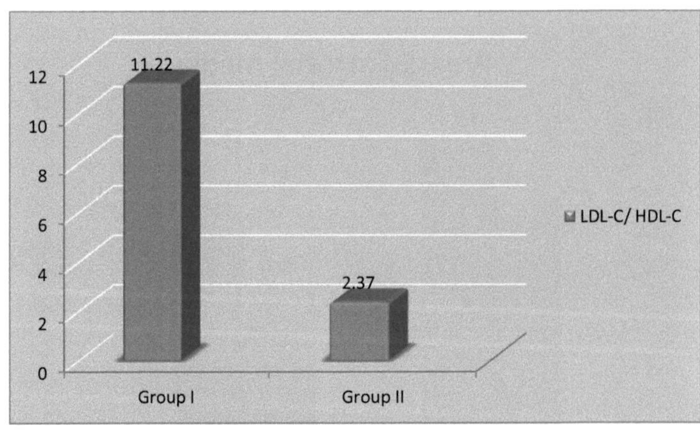

Figura VII: Rácio LDL-C/HDL-C nos grupos I e II

72

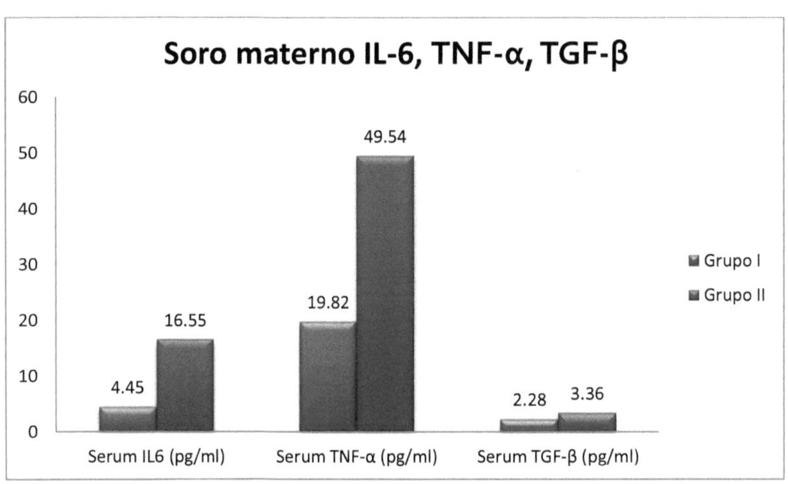

Figura VIII: Comparação dos níveis séricos maternos de IL-6, TNF-α e TGF-β nos grupos I e II

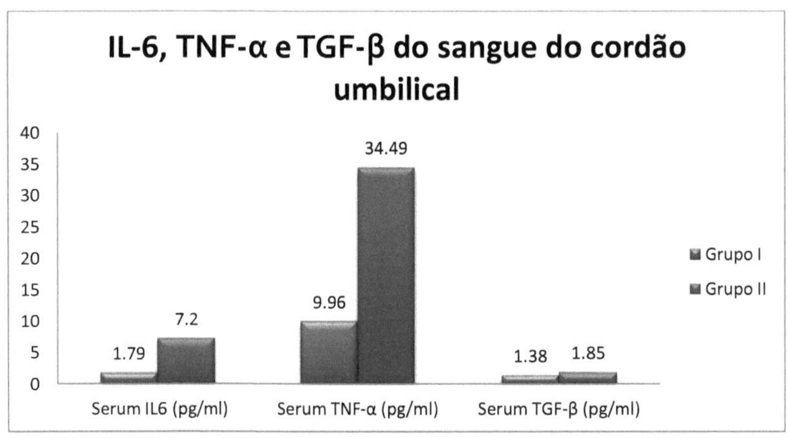

Figura IX: Comparação dos níveis de IL6, TNF-A e TGF-β no sangue do cordão umbilical nos grupos I e II

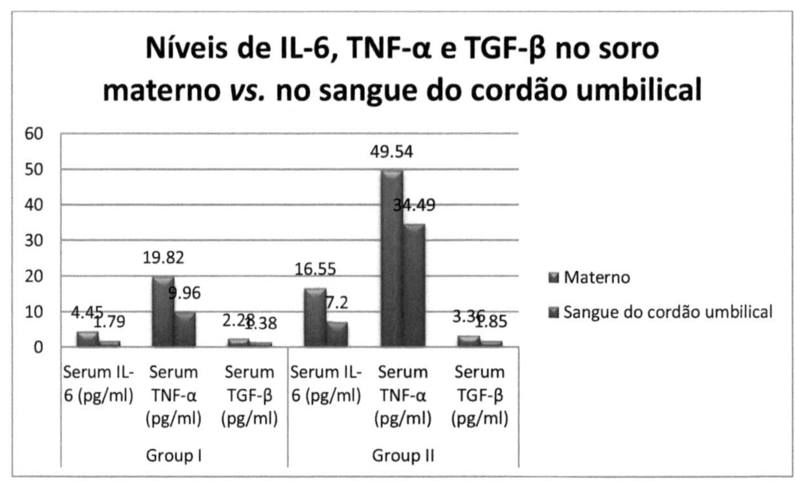

Figura X: Comparação dos níveis séricos maternos de IL6, TNF-A e TGF-β com o sangue do cordão umbilical nos grupos I e II

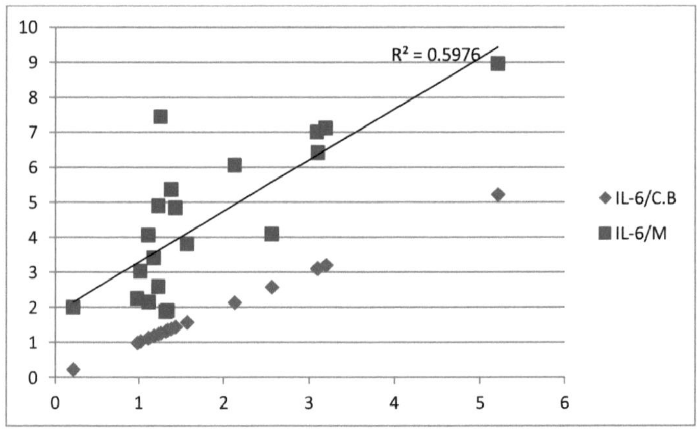

Figura XI: Correlação entre a IL-6 sérica materna e a do sangue do cordão umbilical no grupo I

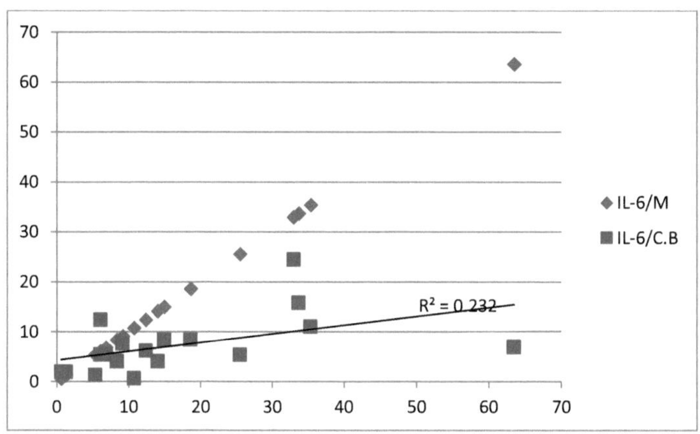

Figura XII: Correlação da IL-6 sérica materna com o sangue do cordão umbilical no grupo II

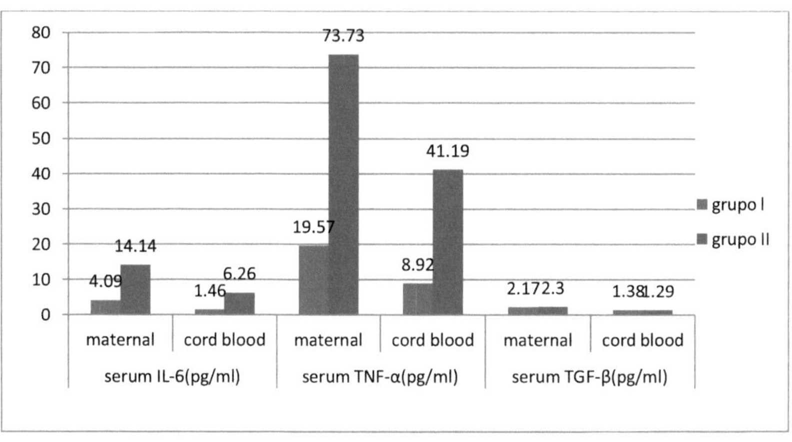

Figura XIII: Comparação dos níveis de IL-6, TNF-α e TGF-β no sangue materno e no sangue do cordão umbilical no grupo I e no grupo II com bebés do sexo masculino

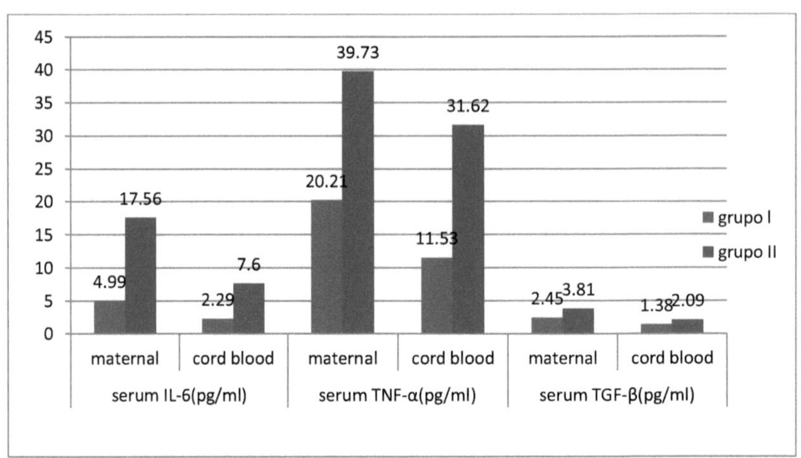

Figura XIV: Comparação dos níveis de IL-6, TNF-α e TGF-β no sangue materno e no sangue do cordão umbilical no grupo I e no grupo II com bebés do sexo feminino

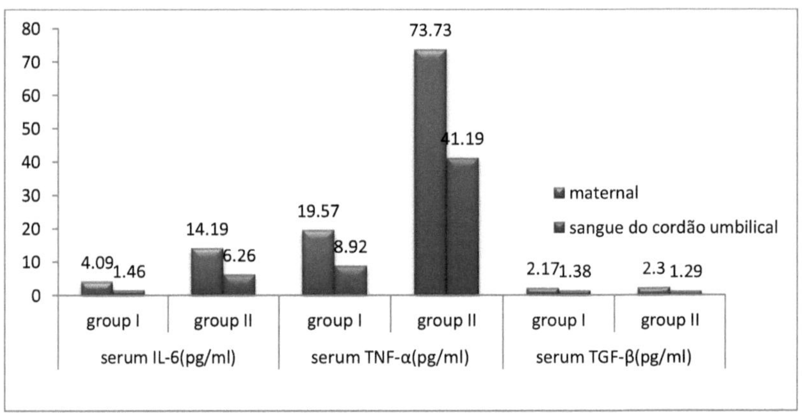

Figura XV: Comparação dos níveis séricos maternos de IL-6, TNF-α e TGF-β com o sangue do cordão umbilical no grupo I e no grupo II com bebés do sexo masculino

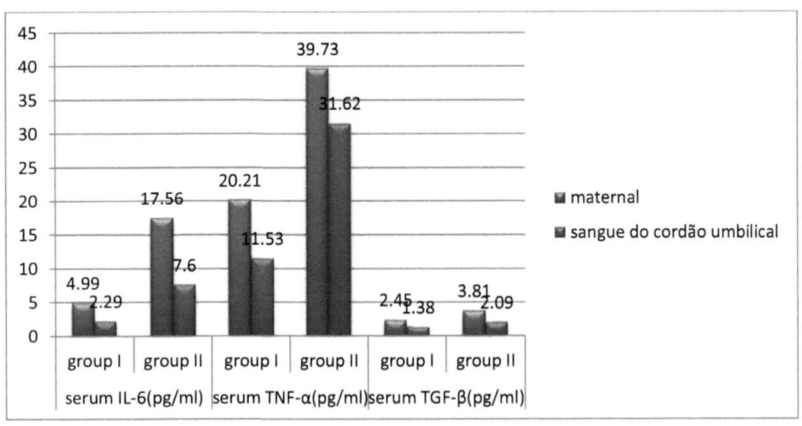

Figura XVI: Comparação dos níveis séricos maternos de IL-6, TNF-α e TGF-β com o sangue do cordão umbilical no grupo I e no grupo II com bebés do sexo masculino

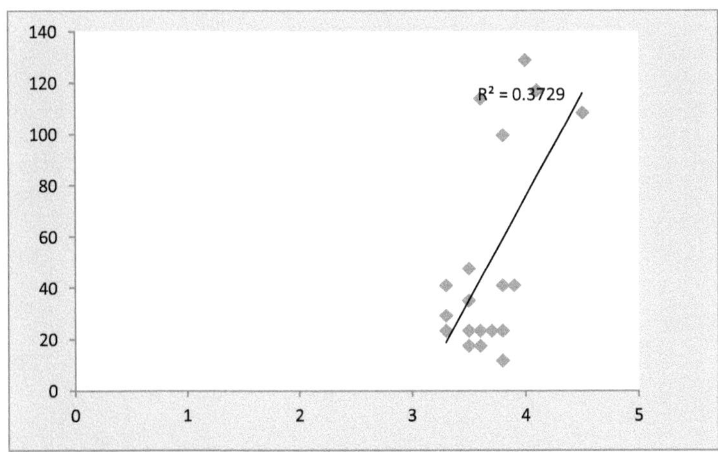

Figura XVII: Correlação dos parâmetros com o ácido úrico no grupo II

Figura XVIII: Comparação do peso à nascença no grupo I

Figura XIX: Comparação do peso à nascença no grupo II

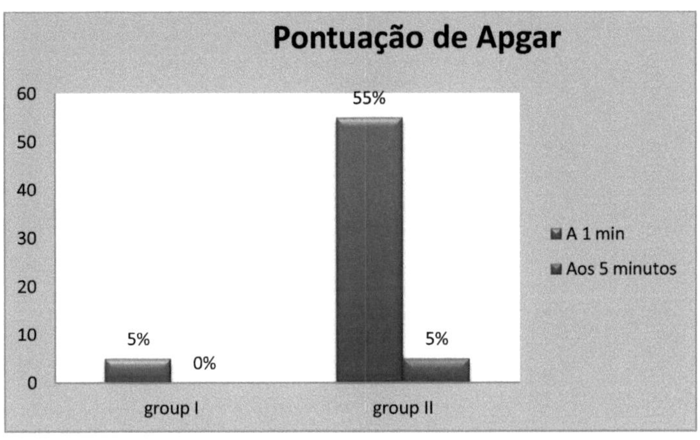

Figura XX: Comparação do índice de Apgar (<7) entre o grupo I e o grupo II

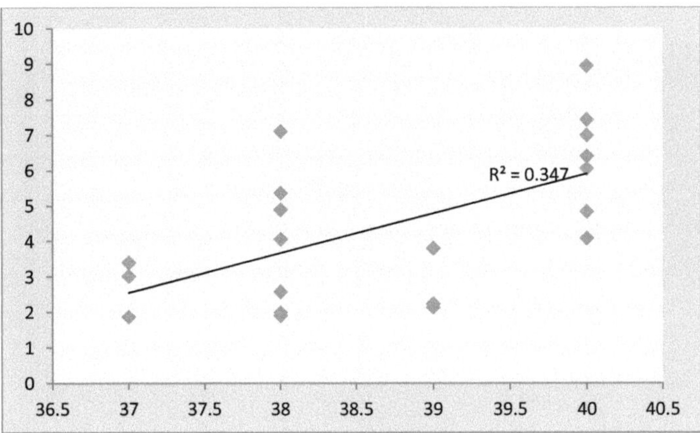

Figura XXI: Correlação dos níveis séricos maternos de IL-6 com a idade gestacional no grupo I

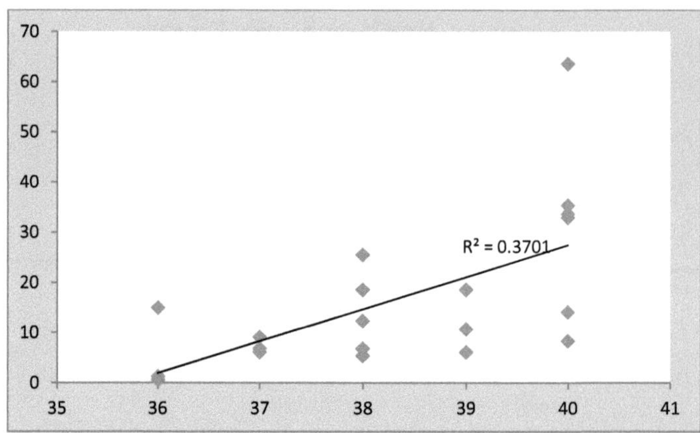

Figura XXII: Correlação dos níveis séricos maternos de IL-6 com a idade gestacional no grupo II

DISCUSSÃO

O presente estudo foi efectuado em 20 mulheres grávidas normotensas (grupo I) e 20 mulheres pré-eclâmpticas (grupo II) no Departamento de Bioquímica em colaboração com o Departamento de Obstetrícia e Ginecologia, Pt. B.D. Sharma PGIMS, Rohtak.

A idade média das mães no momento do parto em mulheres normotensas (grupo I) e pré-eclâmpticas (grupo II) foi de 24,8±3,3 anos e 25,4±4,9 anos, respetivamente (Tabela 1). A idade gestacional média do grupo I e do grupo II foi de 38,7±1,13 semanas e 38,3±1,45 semanas (Tabela 2). Na maioria dos indivíduos (85% no grupo I e 70% no grupo II), a idade gestacional no momento do parto foi de 38-41 semanas.

Um dos factores predisponentes para a pré-eclâmpsia é a idade materna inferior a 20 anos, mas no presente estudo nenhuma mulher se encontrava no grupo etário dos 18-20 anos. Além disso, no presente estudo, 55% das mulheres pertenciam ao grupo etário dos 25-29 anos. Vários estudos sugerem que a pré-eclâmpsia é mais comum em grávidas idosas. [112]

As gravidezes complicadas por pré-eclampsia têm frequentemente partos prematuros. Catarino *et al* observaram que a idade gestacional média do parto no grupo com PE era inferior à dos controlos.[112]

No presente estudo, a maioria das mães teve parto vaginal em ambos os grupos, ou seja, 75% (n=15) no grupo II em comparação com 90% (n=18) no grupo I. 10% (n=2) das mães pré-eclâmpticas tiveram FLC (Tabela 3). Cinquenta e cinco por cento dos bebés de mães pré-eclâmpticas tiveram um Apgar de 1 minuto <7, em comparação com cinco por cento das mães normotensas (Tabela 5).

A pressão arterial sistólica foi de 146,5±15,47 e 115,98±5,23 e a pressão arterial diastólica foi de 102±10,99 e 75,22±5,69 mmHg no grupo pré-eclâmptico e normotenso, respetivamente. Na análise estatística, a diferença entre os dois grupos foi estatisticamente significativa (p <0,001, Tabela 4).

Foram efectuados exames de rotina nestes indivíduos. No grupo pré-eclâmptico, os níveis médios de hemoglobina, açúcar no sangue, creatinina sérica e ureia eram comparáveis aos do grupo normotenso. Embora os níveis de AST e ALT fossem mais elevados no grupo pré-eclâmptico, a diferença não foi estatisticamente significativa. Os níveis séricos de ácido úrico e fosfato alcalino foram significativamente mais elevados em comparação com as mulheres normotensas (p<0,001, Tabela 6). Os níveis de proteinúria nas vinte e quatro horas foram muito significativos nas mulheres pré-eclâmpticas (0,028 - 0,147gm/dia).

Os níveis médios de triglicéridos e colesterol séricos foram significativamente mais elevados no grupo pré-eclâmptico do que nas grávidas normotensas (p<0,05, Tabela 7). Nas mulheres pré-eclâmpticas, os níveis de LDL-C e VLDL-C foram significativamente mais elevados (p<0,001, p<0,05, Tabela 7) em comparação com as mulheres grávidas normotensas e os níveis de HDL-C foram significativamente mais baixos em comparação com as mulheres normotensas (p<0,001).

Um perfil lipídico anormal pode ter um papel na promoção do stress oxidativo e da disfunção vascular observados na pré-eclâmpsia. Predominantemente, as pequenas lipoproteínas de baixa densidade (LDL) aterogénicas e as moléculas de adesão celular vascular (VCAM) estão aumentadas em associação com a hiperlipidemia na pré-eclâmpsia. De acordo com Magnussen et al, existe um risco acrescido de desenvolver PE quando os factores de risco cardiovascular, como o aumento dos triglicéridos (TG), do colesterol total e do LDL-C, estão presentes antes da gravidez. Há cada vez mais provas que indicam que o risco de pré-eclâmpsia aumenta nas mulheres com níveis elevados de lipoproteínas de baixa densidade oxidadas e de triglicéridos. A relação causal da peroxidação lipídica na patogénese da pré-eclâmpsia ainda não é clara.[113]

Um estudo concluiu que a gravidez pré-eclâmptica está associada a um estado hiperlipidémico acrescido e tem um impacto negativo no perfil lipídico do feto devido a um rácio LDL-C/HDL-C aterogénico mais elevado e a níveis mais elevados de TG.[114] Na Índia, Adiga et al efectuaram um estudo em Mangalore que revelou um aumento de 20% do colesterol total e uma diminuição de 27% dos níveis de colesterol HDL.[115] Afirmaram também que a hipercolesterolemia promovia a formação de radicais livres. Gohil et al registaram resultados semelhantes. Os resultados do presente estudo estão de acordo com estes relatórios.[113]

No presente estudo, o rácio LDL-C/HDL-C foi de 7,8 nas mulheres pré-eclâmpticas em comparação com 2,3 nas mulheres normotensas e a diferença foi significativa (p=0,0003). Foram efectuadas investigações especiais (IL-6 sérica, TNF-α e TGF-β) no soro e no sangue do cordão umbilical de mulheres grávidas normotensas e de mulheres com pré-eclâmpsia.

A manutenção da gravidez é uma rede de comunicação complexa entre os tecidos fetais e maternos que previne a invasão excessiva da parede uterina materna, proporcionando ao feto um ambiente quiescente. O "aloenxerto fetal" sobrevive em gestações de mamíferos. Os antigénios fetais são reconhecidos como estranhos pela mãe e o feto continua a crescer sem ser rejeitado.[1]

Na interface feto-materna, os diferentes tipos de células imunitárias maternas e fetais, como as células assassinas naturais (NK) uterinas, as células dendríticas, as células T e os macrófagos, são de particular importância. Além disso, as células da placenta, como os trofoblastos e as células deciduais, contribuem para o processo. Na gravidez normal, o equilíbrio entre o meio anti-inflamatório e o meio pró-inflamatório altera-se a favor da imunossupressão para evitar a rejeição imunitária do aloenxerto fetal e promover o desenvolvimento citoarquitectónico normal da placenta. Para manter a gravidez, as células imunitárias e placentárias produzem diferentes moléculas, incluindo factores de crescimento, hormonas, citocinas e quimiocinas.[1,2]

As citocinas são produzidas por células de placentas normais e por leucócitos que se infiltram na placenta, e os receptores para citocinas também são expressos na placenta e tanto as fontes como os alvos das citocinas estão presentes na placenta. A IL-6 e o TNF-α são marcadores pró-inflamatórios e são produzidos por trofoblastos placentários e células deciduais. Postula-se que o aumento dos níveis da citocina inflamatória esteja envolvido de alguma forma na patogénese da pré-eclâmpsia. A tendência acrescida para as células sanguíneas maternas produzirem citocinas inflamatórias na pré-eclâmpsia é significativa.

Durante a gravidez, o bem-estar da mãe afecta diretamente o desenvolvimento do recém-nascido. Algumas complicações maternas e placentárias, como a diabetes gestacional, a pré-eclâmpsia (PE), o parto prematuro e a restrição do crescimento intrauterino (RCIU), podem contribuir para desvios do crescimento fetal ou modificações do desenvolvimento fetal. A gravidez humana normal está associada a alterações fisiológicas do sangue, nomeadamente, leucocitose neutrofílica, hiperlipidemia e condições pró-coagulantes, hipofibrinolíticas e inflamatórias. A PE tem sido associada a um aumento destas alterações e a anomalias placentárias, que podem condicionar a sua perfusão e, consequentemente, a transferência feto-materna. A disfunção placentária, caracterizada por um distúrbio nos factores angiogénicos/antiangiogénicos e no processo de hipoxia/ reoxigenação placentária, parece desencadear uma disfunção endotelial materna. Para esta disfunção endotelial materna podem também contribuir o stress oxidativo, a dislipidemia e o processo inflamatório que estão presentes na circulação materna. [36-37, 42]

Segundo a teoria de Barker, a origem de algumas doenças crónicas na idade adulta, como as doenças cardiovasculares, a hipertensão e a diabetes, tem origem na vida intra-uterina. Esta hipótese, designada por "programação fetal" ou "origens fetais da doença", sugeria que o ambiente intrauterino em que o feto se desenvolve pode estar na origem de doenças na vida adulta. As alterações que podem ocorrer no ambiente intrauterino e que de alguma forma podem perturbar o desenvolvimento normal do feto podem desencadear alterações metabólicas, que podem resultar no desenvolvimento de doenças a longo prazo.[110]

Foi demonstrado que as citocinas IL-6 e TNF-α induzem a morte apoptótica e necrótica excessiva ou anormal das células trofoblásticas; foi demonstrado que estas células induzem a ativação endotelial quando são libertadas, causando assim disfunção endotelial e resultando na fase inicial da pré-eclâmpsia. O TNF-α tem efeitos potentes na função endotelial e plaquetária, aumenta a coagulação, a fuga microvascular, a ativação de células endoteliais vasoconstritoras e a produção de factores antiangiogénicos como o fator tecidular. O TNF-α e a IL-1 provocam um aumento da produção de trombina, do fator de ativação plaquetária e da molécula de adesão celular vascular-1, um aumento da permeabilidade das células endoteliais e um aumento da coagulação, instigando assim respostas inflamatórias.[116]

Embora a causa da pré-eclâmpsia seja incerta, o desequilíbrio entre as citocinas pró e anti-inflamatórias tem sido implicado na patogénese da pré-eclâmpsia em alguns estudos. O aumento dos níveis das citocinas inflamatórias IL-6 e TNFα tem sido postulado como estando envolvido de alguma forma na patogénese da pré-eclâmpsia. [83]

Um estudo relatou que a produção sérica de IL-6 e TNF-α em mulheres grávidas normais aumentou do início para o meio da gravidez e do meio para o fim da gravidez, e diminuiu no pós-parto em relação ao fim da gravidez. [17]

A IL-6 reduz a síntese da prostaciclina (PG I_2) através da inibição da enzima ciclo-oxigenase. Aumenta o rácio entre o tromboxano A2 e a prostaciclina, uma anomalia que ocorre na pré-eclâmpsia. A IL-6 pode também estimular o fator de crescimento derivado das plaquetas, um processo observado na pré-eclampsia.[5] Os radicais livres de oxigénio estão implicados na patogénese da pré-eclâmpsia, porque podem causar danos no endotélio, o que leva a uma redução da síntese de óxido nítrico e a perturbações do equilíbrio das prostaglandinas, além de induzirem a síntese de IL-6 pelo endotélio. Conrad et al encontraram concentrações aumentadas de TNF-α e IL-6 no plasma de mulheres pré-eclâmpticas em comparação com mulheres grávidas normais no terceiro trimestre.[17]

No presente estudo, os níveis de TNF-α foram observados elevados (49,54±39,34 mg/dl) em mulheres pré-eclâmpticas em comparação com controlos normotensos (19,82±7,19 mg/dl), a diferença foi estatisticamente significativa (p<0,05) no presente estudo.

Em mulheres grávidas saudáveis, pensa-se que o TNF-α modula o crescimento e a invasão dos tropoblastos nas artérias espirais maternas. O TNF-α pode contribuir para a invasão anormal da placenta, a lesão das células endoteliais e o stress oxidativo. O TNF-α também estimula a produção de IL-6. As citocinas pró-inflamatórias produzidas no PE podem contribuir para a hipertensão, induzindo a produção de mediadores vasculares que resultam em vasoconstrição e, consequentemente, em hipertensão. Sugere-se que as citocinas estejam ligadas à hipertensão por provocarem inflamação, o que resultaria em lesão vascular e poderia também contribuir para a elevação da PA por causar lesão renal. O papel potencial da IL-6 e do TNF-α na patogénese da PE tem sido estudado, mas os resultados são controversos na literatura. [116]

No seu estudo, Udenze et al. registaram níveis significativamente elevados de IL-6 e TNF-α em mulheres com pré-eclâmpsia grave, em comparação com mulheres normotensas com IL-6 e TNF-α.[99] Hayashi et al. obtiveram resultados contrários, referindo que a IL6 na placenta e no sangue não desempenha um papel significativo na indução do equilíbrio imunológico na pré-eclâmpsia.[100] Al-Othman et al também referiram que não havia diferenças significativas nos níveis de IL6 no soro materno de mulheres pré-eclâmpticas e de mulheres saudáveis normotensas.[101] O estudo Iranian-Khorasanian mostrou que a concentração sérica de TNF-α não está aumentada nas mulheres com pré-eclâmpsia em comparação com as mulheres grávidas de controlo. [102]

No presente estudo, os níveis maternos de IL-6 estavam aumentados em mulheres pré-eclâmpticas em comparação com mulheres grávidas saudáveis (16,55±15,24 pg/ml vs 4,45±2,14 pg/ml (p<0,05; Tabela 32) e a diferença foi estatisticamente significativa (p<0,05).

Foram realizados estudos semelhantes para a IL-6, que registaram níveis aumentados de IL6, apoiando o papel da IL-6 na pré-eclâmpsia. Estes resultados estão de acordo com os resultados do presente estudo.

Os níveis de TNF-α e IL6 na pré-eclâmpsia são controversos na literatura. Li. et al sugeriram que níveis séricos elevados de TNF-α e IL-6 estão associados à HPI, e que o TNF-α e a IL-6 podem ser potenciais preditores no prognóstico da HPI. [117]

Na patogénese da pré-eclâmpsia, a resposta imunitária humoral é seguida pela imunidade celular desencadeada pelos níveis séricos de citocinas pró-inflamatórias. A população de células imunitárias e o perfil de citocinas na interface feto-materna são importantes para o resultado da gravidez. A adaptação imunitária na gravidez normal tem sido associada a uma diminuição das citocinas T helper 1: interleucina 2 (IL2), interferão gama (IF γ) e fator de crescimento transformador beta (TGF β), que estão envolvidas na imunidade celular e medeiam a rejeição imunitária do feto; e a um aumento das citocinas T helper 2: interleucinas 4, 5, 6 e 13, que medeiam a imunidade humoral, suprimem a imunidade celular e, assim, previnem a rejeição imunitária do feto. Foi relatado que o soro de mulheres com PE apresentava rácios de citocinas Th1/Th2 aumentados, bem como níveis aumentados de citocinas IL-6 e TNF-α, quimiocinas IL-8, IP-10 e MCP-1 e moléculas de adesão ICAM-1 e VCAM-1, apoiando a existência de uma condição pró-inflamatória sistémica na PE. Em contraste com os níveis geralmente aumentados de citocinas pró-inflamatórias, os níveis sanguíneos de algumas citocinas anti-inflamatórias estão reduzidos em pacientes com PE. Foi observado um desequilíbrio entre os factores pró-angiogénicos, como o fator de crescimento endotelial vascular (VEGF) e o fator de crescimento placentário (PlGF), e os factores anti-angiogénicos, como a tirosina quinase 1 solúvel semelhante ao fms (sFlt1) e a endoglina solúvel (sEng), antes do início da EP e após o diagnóstico clínico. A endoglina solúvel, um fator antiangiogénico que se liga ao ligando TGF-β1 circulante, impede a sua disponibilidade para o efeito pró-angiogénico e vasodilatador a jusante da célula na PE.[5-7]

Foi sugerido um possível papel do TGF-β1 como marcador preditivo da pré-eclâmpsia e tem um papel na patogénese da pré-eclâmpsia

Existem muito poucos relatórios disponíveis para o TGF-β1 e os resultados são controversos. Um estudo relatou uma diminuição significativa dos níveis de TGF-β1 no plasma materno e no sangue do cordão umbilical de pré-eclâmpsia de início tardio, quando comparado com o controlo. Huber et al, no seu estudo, concluíram que o TGF-β1 funciona como um fator regulador da sobrevivência do aloenxerto fetal durante a gravidez e que o TGF-β1 não tem um papel fisiopatológico na PE. [82] No entanto, um estudo relatou um aumento do TGF-β1 em pré-eclâmpticas e concluiu o seu papel na patogénese da pré-eclâmpsia.[22]

Em contraste, no presente estudo, o TGF-β sérico foi inferior (2,28±0,76 pg/ml) em mulheres grávidas normotensas, enquanto os níveis pré-eclâmpticos foram superiores (3,36±2,93 pg/ml), embora a diferença não tenha sido significativa (p>0,05; Tabela 8).

Além disso, Huber et al registaram níveis séricos baixos de TGF-β1 em mulheres com pré-eclâmpsia em comparação com mulheres grávidas saudáveis, a diferença não foi significativa (*p=0,63*) e concluíram que o TGF-β1 não tem qualquer papel na patogénese da pré-eclâmpsia. Estes resultados estão de acordo com os resultados do presente estudo.

O aumento dos marcadores inflamatórios na circulação materna poderá resultar da libertação de substâncias da placenta (inflamação local), desencadeando depois uma resposta inflamatória sistémica. Alguns autores sugerem que a hipóxia tecidular, resultante da redução da perfusão placentária, determina uma produção desregulada de diferentes citocinas, incluindo o TNF-α, que se reflecte num aumento na circulação materna.[119] Existe pouca informação sobre a avaliação de marcadores inflamatórios em recém-nascidos.

No presente estudo, a IL-6 no sangue do cordão umbilical foi de 7,20±5,56 pg/ml, O TNF-α foi de 34,49±23,85 pg/ml e os níveis de TGF-β foram de 1,85±1,66 pg/ml no sangue do cordão umbilical de mulheres pré-eclâmpticas. No entanto, em mulheres grávidas normotensas foram estimados os níveis séricos de IL6 (1,79±1,14 pg/ml), TNF-α (9,96±4,94 pg/ml) e TGF-β (1,38±0,73 pg/ml). A diferença entre os níveis maternos e do cordão umbilical destes parâmetros foi muito elevada nas mulheres pré-eclâmpticas (p<0,001, p<0,001, p<0,05 respetivamente) em comparação com as mulheres grávidas normotensas (p<0,01, p<0,01, p<0,05 respetivamente, Tabela 9).

No pré-eclâmptico, os níveis de IL6 e TNF-α no sangue do cordão umbilical no presente estudo foram significativamente mais elevados do que no sangue do cordão umbilical normotenso, enquanto os níveis de TGF-β no sangue do cordão umbilical não foram significativos (p>0,05, Tabela 8).

Além disso, os níveis de TGF-β no sangue do cordão umbilical eram elevados nas mulheres pré-eclâmpticas em comparação com as mulheres grávidas normotensas, mas a diferença não era significativa (p>0,05; Tabela 9). Por outro lado, a diferença entre os níveis de IL-6, TNF-α e TGF-β no sangue materno e no sangue do cordão umbilical foi significativa tanto nas normotensas como nas pré-eclâmpticas. O possível mecanismo poderia ser o facto de haver um aumento da resposta inflamatória em mulheres pré-eclâmpticas, causando níveis elevados de IL-6 e TNF-α, possivelmente contribuindo para níveis elevados no sangue do cordão umbilical.

Os níveis de IL-6 no sangue do cordão umbilical corresponderam a 40,22% dos níveis maternos de IL-6 nas grávidas normotensas e a 43,50% dos níveis maternos no grupo pré-eclâmptico, que eram ligeiramente superiores aos das normotensas. Os níveis de TNF-α no sangue do cordão umbilical foram 50,25% dos níveis maternos nas grávidas normotensas e aumentaram no grupo pré-eclâmptico, ou seja, 69,62% dos níveis maternos. Os níveis de TGF-β no sangue do cordão umbilical corresponderam a 60,52% dos níveis maternos nos normotensos e diminuíram nas mulheres pré-eclâmpticas, ou seja, 55,06% dos níveis maternos (Tabela 11). Existe pouca informação sobre a avaliação de marcadores inflamatórios em recém-nascidos.

No presente estudo, observou-se que uma percentagem elevada de IL-6 e TNF-α séricos foi transmitida para o sangue do cordão umbilical de mães pré-eclâmpticas em comparação com normotensas. Por outro lado, o nível percentual de TGF-β foi baixo no sangue do cordão umbilical de mães pré-eclâmpticas em comparação com normotensas.

Nas mulheres pré-eclâmpticas, foi encontrada uma correlação positiva significativa entre os níveis de IL-6 no soro materno e no sangue do cordão umbilical (r=0,482, p<0,05). Foi observada uma correlação negativa entre os níveis de TNF-α e TGF-β maternos e do sangue do cordão umbilical em mulheres com pré-eclâmpsia, mas esta não foi significativa (r=0,053, r=0,099, respetivamente, Tabela 12).

Vários estudos não encontraram provas de inflamação no sangue do cordão umbilical de recém-nascidos de mulheres grávidas com pré-eclampsia. Por outro lado, alguns estudos registaram um aumento dos níveis séricos maternos e umbilicais de IL-8 em gravidezes complicadas por pré-eclampsia com crescimento intrauterino normal e atraso de crescimento intrauterino (RCIU).[116]

Um estudo relatou que, em comparação com as mulheres grávidas de fetos do sexo feminino, as mulheres que carregavam um feto do sexo masculino apresentavam níveis mais elevados de citocinas inflamatórias em vários momentos durante a gestação. Especificamente, os fetos do sexo masculino foram associados a níveis mais elevados de IL-12p70, IL-21, IL-33 e G-CSF no plasma materno durante a gravidez, com muitas destas proteínas aumentadas acima das fêmeas logo a partir das 6 semanas pós-conceção. Estas citocinas são típicas de uma resposta pró-inflamatória das células T Th1.[1]

Enninga et al concluíram que o meio imunitário materno sofre muitas alterações ao longo da gestação.[119] Várias destas alterações parecem ser divergentes em função do sexo do feto: os fetos do sexo masculino estão associados a um aumento dos níveis de citocinas pró-inflamatórias e de factores de crescimento pró-angiogénicos, enquanto os fetos do sexo feminino estão associados a um aumento da expressão de citocinas reguladoras.

Ao pesquisar a literatura sobre o papel das hormonas sexuais na inflamação, não encontrámos nenhum relatório sobre alterações inflamatórias baseadas no género no sangue do cordão umbilical e no soro materno de mães pré-eclâmpticas.

No presente estudo, ao comparar as alterações relacionadas com o género, os níveis séricos de IL-6 e TGF-β foram mais elevados nos níveis maternos e do sangue do cordão umbilical com bebé do sexo feminino em comparação com os níveis maternos e do sangue do cordão umbilical com bebé do sexo masculino em mulheres pré-eclâmpticas, mas a diferença não foi estatisticamente significativa (p>0,05, Tabela 15). Por outro lado, os níveis séricos de TNF-α foram mais elevados no sangue materno e do cordão umbilical de mulheres pré-eclâmpticas com bebé do sexo masculino em comparação com os níveis séricos de TNF-α no sangue materno e do cordão umbilical de mulheres pré-eclâmpticas com bebé do sexo feminino, mas a diferença não foi estatisticamente significativa (p>0,05, Tabela 14).

Nas mulheres com bebé do sexo masculino, os níveis de IL-6, TNF-α e TGF-β no soro materno e no sangue do cordão umbilical foram mais elevados no grupo pré-eclâmptico em comparação com as mulheres grávidas normotensas, tendo a diferença sido estatisticamente significativa apenas nos níveis de IL-6 e TNF-α no soro materno e no sangue do cordão umbilical (p<0,05, p<0,01, p<0,05, respetivamente). No entanto, nos níveis séricos maternos de TGF-β e nos níveis séricos de TNF-α no sangue do cordão umbilical, a diferença não foi significativa nas mulheres pré-eclâmpticas com bebé do sexo masculino em comparação com as mulheres grávidas normotensas com bebé do sexo masculino. No presente estudo, os níveis de TGF-β no sangue do cordão umbilical do grupo pré-eclâmptico com bebés do sexo masculino foram inferiores aos do grupo de mulheres grávidas normotensas com bebés do sexo masculino, mas a diferença não foi estatisticamente significativa (p>0,05, Tabela 17). Como discutido anteriormente, o TGF-β parece não ter um papel específico na causa da pré-eclâmpsia.

Nas mulheres com bebés do sexo feminino, ao comparar os casos com os controlos, os níveis maternos e do sangue do cordão umbilical de IL-6 sérica e os níveis maternos de TNF-α sérico foram mais elevados no grupo pré-eclâmptico em comparação com o grupo de grávidas normotensas, tendo a diferença sido estatisticamente significativa (p<0,05). No sangue do cordão umbilical de mulheres com pré-eclâmpsia, os níveis séricos de TNF-α foram significativamente muito elevados em comparação com mulheres grávidas normotensas com bebés do sexo feminino (p<0,001, Tabela 18).

Em mulheres grávidas normotensas com bebé do sexo masculino, ao comparar os níveis séricos de IL-6, TNF-α e TGF-β do sangue materno com os do sangue do cordão umbilical, a diferença foi altamente significativa (p<0,001, p<0,001, p<0,05, respetivamente). Nas mães pré-eclâmpticas com bebés do sexo masculino, os níveis séricos de IL-6, TNF-α e TGF-β eram mais elevados do que os níveis do sangue do cordão umbilical, mas não eram significativos (p>0,05, Tabela 19). Em mães normotensas com bebés do sexo feminino, ao comparar os níveis séricos de IL-6, TNF-α e TGF-β no sangue materno com os do sangue do cordão umbilical, a diferença foi estatisticamente significativa (p<0,05, Tabela 19), mas não foi significativa no caso dos pré-eclâmpsia (p>0,05, Tabela 19).

Ao comparar vários parâmetros em mulheres grávidas normotensas, foi encontrada uma correlação positiva não significativa, tanto no sangue materno como no sangue do cordão umbilical, entre os níveis séricos de IL-6 e de TNF-α e entre os níveis séricos DE TNF-α e de TGF-β. No soro, a IL-6 e o TGF-β foram encontrados positivamente correlacionados no sangue do cordão umbilical e negativamente correlacionados no soro materno, mas não significativos em ambos os casos. Nas mulheres com pré-eclâmpsia, foi observada uma correlação positiva não significativa entre a IL-6 e o TNF-α no soro materno e também no sangue do cordão umbilical entre os níveis de IL-6 e TGF-β. Por outro lado, o nível de IL-6 foi negativamente correlacionado com os níveis séricos de TGF-β no soro materno e também negativamente correlacionado no sangue do cordão umbilical com o TNF-α sérico, mas não significativo em ambos os casos. O TNF-α do sangue do cordão umbilical e do soro materno foi correlacionado negativamente com o TGF-β sérico em mulheres pré-eclâmpticas, mas não foi significativo.

Foi encontrada uma correlação positiva não significativa da IL-6 sérica materna com o ácido úrico sérico em mulheres normotensas e pré-eclâmpticas (p>0,05, Tabela 19). A correlação positiva significativa entre o TNF-α materno e o ácido úrico foi encontrada em mulheres pré-eclâmpticas (r=0,61, p<0,01, Tabela 19), enquanto que não foi significativa em mulheres normotensas (r=0,08, p>0,05, Tabela 19). O TGF-β sérico materno correlacionou-se negativamente com o ácido úrico sérico, tanto nas normotensas como nas pré-eclâmpticas, mas a correlação não foi significativa (r=-0,136, p>0,05; r=-0,35, p>0,05, respetivamente, Tabela 19).

Um estudo recente demonstrou que o ácido úrico ativa o inflamassoma nas células trofoblásticas, conduzindo à secreção de IL-1β e sugerindo que se trata de um novo mecanismo de indução de inflamação na interface materno-fetal e que provoca resultados adversos na gravidez, incluindo a pré-eclâmpsia. Matias et al também fizeram um estudo em pré-eclâmpticas e relataram que a hiperuricemia está associada à alta produção de IL-1β e TNF-α. Estes estudos estavam de acordo com o presente estudo, explicando o possível papel da hiperuricemia na patogénese da pré-eclâmpsia. [120]

Foram efectuados vários estudos em doentes pré-eclâmpticas para avaliar a gravidade da doença com proteinúria. Muitos médicos tomam decisões importantes com base no grau de proteinúria. Um estudo efectuado por Markova et al concluiu a correlação negativa da IL-10 com a proteinúria. A concentração sérica de IL-10 foi significativamente mais baixa nos doentes com maior quantidade de proteínas na urina. No entanto, no presente estudo não foi observada uma correlação significativa entre a proteinúria e os níveis séricos de IL-6, TNF-α e TGF-β.

A placenta parece desempenhar um papel fundamental na patogénese da pré-eclampsia, uma vez que os sintomas clínicos só desaparecem após a expulsão da placenta. Na pré-eclâmpsia parece desenvolver-se uma resistência vascular mais elevada e um fluxo uteroplacentário reduzido, em comparação com o que ocorre numa gravidez normal. Esta diminuição da perfusão placentária pode afetar significativamente a oxigenação, a nutrição e o desenvolvimento fetal. A redução da perfusão placentária na PE é geralmente acompanhada por uma redução do peso fetal para a idade gestacional.[112]

Existe uma correlação positiva entre o peso do recém-nascido e o peso da placenta, devido à interação entre o desenvolvimento da placenta e o crescimento fetal. A PE é o principal fator de risco materno associado a recém-nascidos de baixo peso e/ou RCIU. Vários estudos indicam que a PE está associada a uma maior incidência de recém-nascidos com baixo peso à nascença.[121-22] Para além disso, há um aumento da incidência de recém-nascidos com baixo peso à nascença em grávidas que desenvolveram PE numa fase precoce da gravidez, em comparação com as que a desenvolveram mais tarde. A prematuridade é a principal causa de morbilidade e mortalidade perinatal e a PE está frequentemente associada ao parto pré-termo.[121] Os recém-nascidos cujas mães desenvolvem PE apresentam geralmente um peso inferior ao dos bebés nascidos de mães com uma gravidez normal.[112] Além disso, os recém-nascidos pequenos para a idade gestacional, bem como os recém-nascidos com índice de Apgar inferior a 7, são frequentemente observados na PE. Muitos estudos também relataram um peso inferior ao nascimento em bebés nascidos de mulheres pré-eclâmpticas.

No nosso estudo, houve 3 partos pré-termo (PTND) e 5 cesarianas do segmento inferior (LSCS) em mulheres pré-eclâmpticas (n=20), em comparação com nenhum parto pré-termo e 2 LSCS no grupo de controlo (n=20, Tabela 3). A maioria dos bebés nasceu com um bom índice de Apgar. 55% dos bebés de mães com pré-eclâmpsia tiveram um Apgar de 1 minuto <7, em comparação com 5% no grupo de grávidas normotensas (Tabela 21). 5% dos bebés de mães pré-eclâmpticas tiveram um Apgar de 5 minutos <7, em comparação com zero por cento no grupo de grávidas normotensas.

A maioria dos bebés tinha um peso à nascença $\geq$ 2,5 kg, 75% das grávidas normotensas e 60% das grávidas pré-eclâmpticas e os restantes bebés tinham um peso entre 2-2,5 kg. O peso médio à nascença no grupo I e no grupo II foi de 2,71±0,30 kg e 2,59±0,36 kg, respetivamente (Tabela 20). O peso à nascença foi inferior na gravidez com pré-eclampsia em comparação com as mulheres normotensas, mas não foi estatisticamente significativo (p>0,05).

No presente estudo, foi encontrada uma correlação positiva significativa entre a IL-6 sérica materna e a idade gestacional, tanto no grupo normotenso como no grupo pré-eclâmptico (p<0,001). Também foi observada uma correlação positiva entre a IL-6 do sangue do cordão umbilical e a idade gestacional, tanto no grupo normotenso como no pré-eclâmptico, mas foi significativa apenas no grupo normotenso (p<0,05). A correlação do TNF-α sérico materno com a idade gestacional foi correlacionada positivamente tanto no grupo normotenso como no grupo pré-eclâmptico, mas não foi significativa (p>0,05). O TGF-β sérico materno foi negativamente correlacionado com a idade gestacional no grupo normotenso, enquanto no grupo pré-eclâmptico foi correlacionado positivamente, mas não significativo em ambos os casos (p>0,05). No grupo normotenso e pré-eclâmptico, os níveis séricos de TNF-α e TGF-β no sangue do cordão umbilical foram negativamente correlacionados com a idade gestacional, mas também não foram significativos (p>0,05).

O fator de crescimento tumoral-β parece não ter um papel específico na causa da pré-eclâmpsia. No presente estudo, foram observados níveis mais elevados de IL-6 e TNF-α séricos no sangue do cordão umbilical de mulheres pré-eclâmpticas e a diferença não foi significativa. Isto explica a resposta imunitária ativa na pré-eclâmpsia. Não foi registada qualquer correlação com o sexo do feto.

Os triglicéridos séricos, os níveis séricos de colesterol, os níveis de LDL-C e VLDL-C foram significativamente mais elevados em comparação com as mulheres grávidas normotensas e os níveis de HDL-C foram significativamente mais baixos em comparação com as mulheres normotensas. Este perfil lipídico anormal pode ter um papel na promoção do stress oxidativo e da disfunção vascular observados na pré-eclâmpsia. As perturbações nos factores angiogénicos/anti-angiogénicos, no perfil lipídico e uma resposta inflamatória reforçada, na circulação fetal, podem causar um efeito a curto prazo, como a disfunção endotelial. No entanto, o impacto destas modificações, que são conhecidas alterações de risco cardiovascular, na vida futura destes recém-nascidos é ainda desconhecido e deve ser esclarecido. Estes recém-nascidos e as suas mães devem merecer, por isso, um acompanhamento clínico mais próximo numa fase posterior da vida.

Os resultados do presente estudo indicam que a interlucina-6 e o fator necrótico tumoral-α podem estar envolvidos na patogénese da pré-eclâmpsia e na possível existência de uma condição pró-inflamatória sistémica na pré-eclâmpsia. Podem servir como um melhor marcador para diagnosticar a pré-eclâmpsia numa fase precoce, e um diagnóstico precoce que melhoraria seriamente o resultado para mães e bebés em todo o mundo e evitaria ou reduziria os impactos negativos para a saúde ao longo da vida de ter pré-eclâmpsia. É necessário explorar em ensaios clínicos de maior dimensão se estes factores estão meramente associados à PE ou se têm uma relação causa-efeito.

Os resultados do presente estudo indicam a associação de IL-6 e TNF-α com PE e resultados adversos, bem como a interação e relação complexas entre os processos dinâmicos que ocorrem na vasculatura materna. Além disso, pode haver um lugar para agentes anti-inflamatórios no tratamento da pré-eclâmpsia.

RESUMO E CONCLUSÃO

O estudo foi efectuado no Departamento de Bioquímica e no Departamento de Obstetrícia e Ginecologia, Pt. B.D. Sharma PGIMS, Rohtak. Os níveis séricos de IL-6, TNF-α e TGF-β foram analisados no soro e no sangue do cordão umbilical de 20 grávidas normotensas (grupo I) e de 20 grávidas com pré-eclâmpsia (grupo II).

1)   A idade média das mães no momento do parto no grupo I (normotensas) e no grupo II (pré-eclâmpticas) era de 24,80± 3,34 anos e 25,35± 5,02 anos, respetivamente (Quadro 1).

2   . a idade gestacional das mães variou entre 34-41 semanas na altura do parto. A idade gestacional média do grupo I (normotenso) e do grupo II (pré-eclâmptico) foi de 38,7± 1,13 semanas e 38,7± 1,45 semanas, respetivamente [(p=0,337(p>0,05), Tabela 2, figura I e II]. 15% e 30% do grupo normotenso e pré-eclâmptico, respetivamente, tinham idade gestacional no momento do parto de 34-37 semanas.

3.   A maioria das mulheres teve um parto vaginal de termo (FTND) em ambas as categorias, ou seja, 90% em mães normotensas e 60% em mulheres com pré-eclâmpsia (Quadro 3, figura IV). Registaram-se 3 partos pré-termo (15%) e 5 cesarianas de segmento inferior (25%) nas mulheres com pré-eclâmpsia, em comparação com nenhum parto pré-termo e 2 cesarianas de segmento inferior no grupo de controlo (Quadro 3, figura III).

4.   A pressão arterial sistólica foi de 146,5±15,47 e 115,98±5,23 mmHg e a pressão arterial diastólica foi de 102±10,99 e 75,22±5,69 mmHg no grupo pré-eclâmptico e normotenso, respetivamente. Na análise estatística, a diferença entre os dois grupos foi estatisticamente significativa (p <0,001, Tabela 4, figura V).

5   . foram efectuados exames de rotina nos grupos normotenso e pré-eclâmpsia (grupos I e II, quadros 5 e 6).

    a.   Em mulheres normotensas, o valor médio de hemoglobina foi de 9,77± 1,45 g/dl, o valor médio de ureia no sangue foi de 22,95± 3,95 mg/dl e o valor médio de açúcar no sangue foi de 91,80± 5,83 mg/dl. Nas mulheres pré-eclâmpticas, o valor médio da hemoglobina foi de 9,70± 1,58 g/dl [p=0,885 (p>0,05)], o valor médio da ureia no sangue foi de 21,56± 8,02 mg/dl [p=0,499 (p>0.05)], e o nível médio de açúcar no sangue foi de 92,00± 8,96 mg/dl [p=0,933 (p>0,05) , Tabela 5] e não foram significativos em comparação com as grávidas normotensas.

b. Em mulheres grávidas normotensas e   em mulheres com pré-eclâmpsia, foram efectuados vários testes de função hepática. Nas mulheres normotensas, o valor médio da bilirrubina sérica foi de 0,53± 0,08 mg/dl, o SGOT foi de 35,30± 4,92U/L, o SGPT foi de 16,45± 2,54 e a fosfatase alcalina sérica foi de 193,45± 13,45 U/L. Nas mulheres pré-eclâmpticas, o valor médio da bilirrubina sérica foi de 0,48± 0,08 mg/dl [p=0,093 (p>0,05)], o SGOT foi de 49,20± 66,21U/L [p=0,362 (p>0,05)] e o SGPT foi de 15,20± 7,43 [p=0,48 (p>0,05), Tabela 5] e a diferença não foi significativa em comparação com o grupo normotenso. A fosfatase alcalina sérica média foi de 156± 26,25 U/L, o que foi altamente significativo em comparação com as gestantes normotensas [p=0,0000045 (p<0,001), Tabela 5].

c. Nas mulheres normotensas, o valor médio da creatinina sérica foi de 0,56± 0,08 mg/dl e o ácido úrico sérico foi de 3,32± 0,31 mg/dl. Nas mulheres pré-eclâmpticas, o valor médio da creatinina sérica foi de 0,60± 0,18 mg/dl [p=0,339 (p>0,05), Tabela 5] e o ácido úrico sérico foi de 3,70± 0,30 mg/dl [p=0,00063(p<0,001), Tabela 5]. O valor médio do ácido úrico estava significativamente aumentado em comparação com as mulheres normotensas. A proteinúria de 24 horas estava presente em todas as mulheres com pré-eclâmpsia.

d. Nas mulheres normotensas, o triglicérido sérico médio foi de 130,85± 83,11 mg/dl, o colesterol sérico foi de 185,40± 41,20 mg/dl, o LDL-C foi de 111,18± 30,59 mg/dl, o VLDL-C foi de 26,17± 16,62 mg/dl e o HDL-C foi de 48,05± 5,15 mg/dl. Nas mulheres pré-eclâmpticas, o nível sérico de triglicéridos era de 188,6± 73,69 mg/dl e o colesterol sérico era de 230,4± 46,43 mg/dl. Tanto os triglicéridos como o colesterol séricos foram significativamente mais elevados nas mulheres pré-eclâmpticas do que nas normotensas (p=0,025, p=0,003, Tabela 6, figura VI). Além disso, os níveis de LDL eram mais elevados (170,6± 37,15 mg/dl) em comparação com as mulheres normotensas, com uma diferença altamente significativa (p<0,001), e os de VLDL também eram significativamente mais elevados (26,17± 16,62 mg/dl) (p<0,05, Tabela 6) em comparação com as grávidas normotensas. Por outro lado, os níveis de HDL foram significativamente mais baixos (21,75± 11,41 mg/dl) no grupo pré-eclâmptico em comparação com o grupo de gestantes normotensas (p<0,001, Tabela 6, figura VI), a diferença foi altamente significativa. No presente estudo, o rácio LDL-C/HDL-C foi de 7,8 nas mulheres pré-eclâmpticas em comparação com 2,3 nas mulheres normotensas e a diferença foi significativa [p=0,0003 (p<0,001), Tabela 6, figura VII].

Foram efectuadas investigações especiais, nomeadamente IL-6, TNF-α e TGF-β no soro materno e no soro do sangue do cordão umbilical no grupo normotenso (Grupo I) e no grupo pré-eclâmptico (Grupo II).

6. **COMPARAÇÃO DOS PARÂMETROS MATERNOS E DO SANGUE DO CORDÃO UMBILICAL EM AMBOS OS GRUPOS**

a. Os níveis séricos maternos de IL-6 foram maiores [p=0,0021(p<0,01), Tabela 7, figura VIII] no grupo pré-eclâmptico (16,55 ± 15,24 pg/ml) em comparação com o normotenso (4,45 ± 2,14 pg/ml).

b. Os níveis séricos maternos de TNF-α foram significativamente mais elevados [p=0,0033 (p<0,01), Tabela 7, figura VIII] no grupo pré-eclâmptico (49,54 ± 39,34 pg/ml) em comparação com o normotenso (19,82 ± 7,19 pg/ml).

c. Os níveis séricos maternos de TGF-β foram menores [p=0,1652 (p>0,05), Tabela 7, figura VIII] no grupo pré-eclâmptico (3,36 ± 2,93 pg/ml) em comparação com o normotenso (2,28 ± 0,76 pg/ml), mas a diferença não foi estatisticamente significativa.

d. Os níveis de IL-6 no sangue do cordão umbilical foram significativamente maiores (p=0,00034 (p<0,01), Tabela 8, figura IX) no grupo pré-eclâmptico (7,20 ± 5,56 pg/ml) em comparação com o normotenso (1,79 ± 1,14 pg/ml).

e. Os níveis de TNF-α no sangue do cordão umbilical foram significativamênte mais elevados [p=0,00020 (p<0,001), Tabela 8, figura IX)] no grupo pré-eclâmptico (34,49 ± 23,85 pg/ml) em comparação com o normotenso (9,96 ± 4,94 pg/ml).

f. Os níveis de TGF-β no sangue do cordão umbilical foram mais elevados [p=0,2504 (p>0,05), Tabela 8, figura IX] no grupo pré-eclâmptico (1,85 ± 1,66 pg/ml) em comparação com o grupo normotenso (1,38 ± 0,73 pg/ml), a diferença não foi estatisticamente significativa.

g. Os níveis séricos maternos de IL-6 foram significativamente mais elevados [p=0,002 (p<0,01), Tabela 9, figura X] em comparação com o sangue do cordão umbilical no grupo normotenso (4,45± 2,14 pg/ml e 1,79± 1.14 pg/ml, respetivamente) e no grupo pré-eclâmptico a IL-6 materna foi significativamente mais elevada [p=0,000342 (p<0,001), Tabela 9, figura X] em comparação com o sangue do cordão umbilical (16,55± 15,24 pg/ml e 7,20± 5,56 pg/ml, respetivamente).

h. Os níveis séricos maternos de TNF-α foram significativamente mais elevados [p=0,008 (p<0,01), Tabela 9, figura X] em comparação com o sangue do cordão umbilical no grupo normotenso (19,82± 7,19 pg/ml e 9,96± 4.94 pg/ml, respetivamente) e no grupo pré-eclâmptico os níveis maternos de TNF-α foram significativamente mais elevados [p=0,000195 (p<0,01), Tabela 9, figura X] em comparação com o sangue do cordão umbilical (49,54± 39,34 pg/ml e 34,49± 23,85 pg/ml, respetivamente).

i. Os níveis séricos maternos de TGF-β foram significativamente mais elevados [p=0,03 (p<0,05), Tabela 9, figura X)] em comparação com o sangue do cordão umbilical no grupo normotenso (2,28± 0,76 pg/ml e 1,38± 0.73 pg/ml, respetivamente) e também no grupo pré-eclâmptico os níveis maternos de TNF-α foram significativamente mais elevados [p=0,041 (p<0,05), Tabela 9, figura X] em comparação com o sangue do cordão umbilical (3,36± 2,93 pg/ml e 1,85± 1,66 pg/ml, respetivamente).

j. A IL-6 no sangue do cordão umbilical era 40,22% dos níveis maternos nas grávidas normotensas e 43,50% dos níveis maternos no grupo pré-eclâmptico, sendo ligeiramente superior nas normotensas. Os níveis de TNF-α no sangue do cordão umbilical eram 50,25% dos níveis maternos nas mulheres normotensas e aumentaram no grupo pré-eclâmptico, sendo 69,62% dos níveis maternos. Os níveis de TGF-β no sangue do cordão umbilical eram 60,52% dos níveis maternos nas normotensas e estavam diminuídos nas mulheres pré-eclâmpticas e eram 55,06% dos níveis maternos (Tabela 10).

7. CORRELAÇÃO DA IL-6, TNF-α E TGF-β DO SORO MATERNO COM O SANGUE DO CORDÃO

a. Foi encontrada uma correlação positiva entre os níveis de IL-6 sérica, TNF-α sérico e TGF-β sérico no sangue do cordão umbilical [r=0,773, p=0,000064 (p<0,001); r=0,268, p=0,251 (p>0.05); r=0,339, p=0,143 (p>0,05) respetivamente, Tabela 11, figura XI] em mulheres normotensas, mas foi estatisticamente significativo apenas entre os níveis de IL-6 maternos e do sangue do cordão umbilical.

b. Nas mulheres pré-eclâmpticas, também foi encontrada uma correlação positiva significativa entre os níveis séricos de IL-6 da mãe e do sangue do cordão umbilical [r=0,482, p=0,031(p<0.05)], ao passo que, no caso dos níveis séricos DE TNF-α e TGF-β, foi observada uma correlação negativa entre os níveis maternos e os do sangue do cordão umbilical, a qual não foi significativa [r=0,053, p=0,84 (p>0,05); r=0,099, p=0,675 (p>0,05), respetivamente, Quadro 11, figura XII].

8. GÉNERO DO SANGUE MATERNO E DO SANGUE DO CORDÃO UMBILICAL EM AMBOS OS GRUPOS

a. Os níveis séricos de IL-6, TNF-α e TGF-β no soro materno (4,99 ± 2,48 pg/ml, 20,21 ± 9,58 pg/ml e 2,45 ± 0,73 pg/ml) e no sangue do cordão umbilical (2,29 ± 1,46 pg/ml, 11,53 ± 5,86 pg/ml e 1,38 ± 0.73 pg/ml) de grávidas normotensas com bebés do sexo feminino foram mais elevados em comparação com os níveis séricos totais de IL-6, TNF-α e TGF-β no sangue materno (4,45 ± 2,14 pg/ml, 19,82 ± 7,19 pg/ml e 2,28 ± 0.76 pg/ml) e no sangue do cordão umbilical (1,79 ± 1,14 pg/ml, 9,96 ± 4,94 pg/ml e 1,38 ± 0,73 pg/ml) no grupo normotenso, mas a diferença não foi estatisticamente significativa (p>0,05, Tabela 12).Por outro lado, os níveis séricos de TGF-β no sangue do cordão umbilical dos bebés do sexo masculino e feminino foram comparáveis (1,38 ± 0,76 pg/ml e 1,38 ± 0,73 pg/ml) aos níveis séricos totais de TGF-β (1,38 ± 0,73 pg/ml) no sangue do cordão umbilical das mulheres grávidas normotensas.

b. Os níveis séricos de IL-6 e TGF-β em mães pré-eclâmpticas com bebés do sexo feminino a nível materno (17,56 ± 17,45 pg/ml, 3,81 ± 3,25 pg/ml) e do sangue do cordão umbilical (7,60 ± 6,48 pg/ml, 2,09 ± 1.85 pg/ml) foram mais elevados em comparação com os níveis séricos totais de IL-6 e TGF-β das fêmeas pré-eclâmpticas no sangue materno (16,55 ± 15,24 pg/ml) e no sangue do cordão umbilical (7,20 ± 5,56 pg/ml), mas a diferença não foi estatisticamente significativa (p>0,05, Tabela 16). Por outro lado, os níveis séricos de TNF-α foram mais elevados no sangue materno (73,73 ± 49,53 pg/ml) e no sangue do cordão umbilical (34,49 ± 23,85 pg/ml) de mulheres pré-eclâmpticas com bebé do sexo masculino, em comparação com os níveis séricos totais de TNF-α no sangue materno e no sangue do cordão umbilical de mulheres pré-eclâmpticas, mas a diferença não foi estatisticamente significativa (p>0,05, Tabela 13).

c. Ao comparar mães pré-eclâmpticas com bebés do sexo masculino com mães normotensas, os níveis séricos de IL-6 e TNF-α nas mães pré-eclâmpticas (4,09 ± 1,91 pg/ml vs. 14,19 ± 9,01 pg/ml, 19.57 ± 5,54 pg/ml vs. 73,73 ± 49,53 pg/ml) e do sangue do cordão umbilical (1,46 ± 0,76 pg/ml vs. 6,26 ± 2,60 pg/ml, 8,92 ± 4,17 pg/ml vs. 41,19 ± 40,71 pg/ml) e do TGF-β no soro materno (2.17 ± 0,80 pg/ml vs. 2,30 ± 1,81 pg/ml) foram mais elevados em comparação com as mães normotensas com bebés do sexo masculino, a diferença foi estatisticamente significativa nos níveis de IL-6 materna e do sangue do cordão umbilical e de TNF-α materno [p=0,040 (p<0,05), p=0,006 (p<0,05), p=0,044 (p<0,05) respetivamente, Tabela 14, figura XIII]. Os níveis de TGF-β no sangue do cordão umbilical das mães pré-eclâmpticas (1,29 ± 1,01 pg/ml) com bebés do sexo masculino foram inferiores aos das mães normotensas (1,38 ± 0,76 pg/ml) com bebés do sexo masculino, mas a diferença não foi estatisticamente significativa (p>0,05, Tabela 14, figura XIII).

d. Ao comparar mães pré-eclâmpticas com bebés do sexo feminino com mães normotensas com bebés do sexo feminino, os níveis séricos de IL-6 no sangue materno [17,56 ± 17,45 pg/ml vs. 4,99 ± 2,48 pg/ml, p=0,019 (p<0,05)], no sangue do cordão umbilical [(7,60 ± 6,48 pg/ml vs. 2,29 ± 1,46 pg/ml, p=0,010 (p<0.05)] e no soro materno o TNF-α [39,73 ± 49,53 pg/ml vs. 20,21 ± 9,58 pg/ml, p=0,04 (p<0,05)] foram mais elevados nas mães pré-eclâmpticas com bebé do sexo feminino em comparação com as mães normotensas com bebé do sexo feminino, a diferença foi estatisticamente significativa (p<0,05, Tabela 15, figura XIV). No sangue do cordão umbilical de mães com pré-eclâmpsia, os níveis séricos de TNF-α (31,62 ± 12,82 pg/ml vs. 11,53 ± 5,86 pg/ml, p=0,000076 (p<0,001), Tabela 15, figura XIV) foram significativamente muito elevados em comparação com mães normotensas com bebés do sexo feminino (p<0,001, Tabela 15, figura XIV).

e. Maternal level were higher in normotensive and preeclamptic mother with male baby as compared to cord blood levels in serum IL-6 [1.46 ± 0.76 pg/ml vs. 4,09 ± 1,91 pg/ml, p=0,0006 (p<0,001); 6,26 ± 2,60 pg/ml vs. 14,19 ± 9,01 pg/ml, p=0,05, Tabela 16, figura XV], TNF-α [8,92 ± 4,17 pg/ml vs. 19,57 ± 5,54 pg/ml, p=0,00003 (p<0,001); 41,19 ± 40,71pg/ml vs. 73,73 ± 49,53 pg/ml, p=0,244 (p>0,05), Tabela 16, figura XV] e TGF-β [2.17 ± 0,80 pg/ml vs. 1,38 ± 0,76 pg/ml, p=0,02 (p<0,05); 2,30 ± 1,81 pg/ml vs. 1,29 ± 1,01 pg/ml, p=0,26 (p>0,05), Tabela 16, figura XV].

f. In normotensive and preeclamptic mother with female baby, maternal levels vs. cord blood of serum IL-6 [4.99 ± 2.48 pg/ml vs. 2.29 ± 1.46 pg/ml, p=0.022 (p<0.05); 17.56 ± 17.45 pg/ml vs. 7,60 ± 6,48 pg/ml, p=0,06 (p>0,05), Tabela 17, figura XVI], TNF-α [20,21 ± 9,58 pg/ml vs. 11,53 ± 5,86 pg/ml, p=0,04 (p<0,05); 39,73 ± 49,53 pg/ml vs. 31,62 ± 12,82 pg/ml, p=0.40 (p>0,05) , Tabela 17, figura XVI] e TGF-β [2,45 ± 0,73 pg/ml vs. 1,38 ± 0,73 pg/ml. p=0,01(p<0,05); 3,81 ± 3,25 pg/ml vs. 2,09 ± 1,85 pg/ml, p=0,10 (p>0.05) , Tabela 17, figura XVI] foram mais elevados em comparação com os níveis no sangue do cordão umbilical e a diferença foi estatisticamente significativa de IL-6, TNF-α e TGF-β normotensos (p<0,05, , Tabela 17, figura XVI). Por outro lado, os níveis séricos maternos de IL-6, TNF-α e TGF-β não foram significativos no grupo pré-eclâmptico com bebé do sexo feminino, em comparação com os níveis do sangue do cordão umbilical.

9. **CORRELAÇÃO DA IL-6 SÉRICA DO SANGUE MATERNO E DO CORDÃO COM O TNF-α SÉRUM, DA IL-6 SÉRUM COM O TGF-β E DO TNF-α SÉRUM COM O TGF-β**

a. Em mulheres grávidas normotensas, foi encontrada uma correlação positiva não significativa, tanto no sangue materno como no sangue do cordão umbilical, entre a IL-6 sérica e o TNF-α (r=0,305, p=0,190; r=0,084, p=0,730, respetivamente) e nos níveis séricos de TNF-α vs. TGF-β (r=0,074, p=0,753; r=0,400, p=0,080), também se registou uma correlação positiva, mas não significativa (p>0,05, Tabela 18). Os níveis séricos de IL-6 vs. TGF-β foram positivamente correlacionados no sangue do cordão umbilical (r=0,080, p=0,724) e negativamente correlacionados no soro materno (r=0,060, p=0,799), mas não foram significativos em ambos os casos (p>0,05, Tabela 18), em gestantes normotensas.

d. Nas fêmeas pré-eclâmpticas, foi observada uma correlação positiva significativa entre a IL-6   sérica materna e O TNF-α [r=0,151, p=0,523 (p>0,05), Tabela 18], e também no sangue do cordão umbilical entre a IL-6 sérica e os níveis de TGF-β [r=0,296, p=0,205 (p>0,05), Tabela 18]. Por outro lado, os níveis de IL-6 foram negativamente correlacionados com os níveis séricos de TGF-β no soro materno [r=0,129, p=0,587 (p>0,05), Tabela 18] e também negativamente correlacionados no sangue do cordão umbilical com o TNF-α sérico [r=0,30, p= 0,194 (p>0,05), Tabela 18], mas não significativos em ambos os casos. Tanto O TNF-α do sangue do cordão umbilical como O TGF-β sérico materno foram correlacionados negativamente com o TGF-β sérico em mulheres com pré-eclâmpsia [r=0,176, p=0,457 (p>0,05); r=0,159, p=0,502 (p>0,05), respetivamente], mas não foi significativo.

10. **CORRELAÇÃO DE PARÂMETROS (IL-6, TNF-α, TGF-β) COM ÁCIDO ÚRICO EM AMBOS OS GRUPOS**

Foi encontrada uma correlação positiva não significativa da IL-6 sérica materna com o ácido úrico sérico em mulheres normotensas e pré-eclâmpticas (r=0,31, p>0,05; r=0,077, p>0,05, Tabela 19). A correlação positiva significativa entre TNF-α materno vs. ácido úrico foi encontrada em mulheres pré-eclâmpticas (r=0,61, p<0,01, Tabela 19), enquanto que não foi significativa em mulheres normotensas (r=0,08, p>0,05, Tabela 19, figura XVII). O TGF-β sérico materno correlacionou-se negativamente com o ácido úrico sérico, tanto nas normotensas como nas pré-eclâmpticas, mas a correlação não foi significativa.

11. CORRELAÇÃO DOS PARÂMETROS (IL-6, TNF-α, TGF-β) COM A PROTEINÚRIA DE 24 HORAS EM AMBOS OS GRUPOS

Foi observada uma correlação positiva não significativa (p>0,05, tabela 20) entre a proteinúria de 24 horas e a IL-6 materna em mulheres normotensas e pré-eclâmpticas. Nas mulheres pré-eclâmpticas, observou-se uma correlação positiva do TNF-α materno com a proteinúria de 24 horas e uma correlação negativa (p>0,05, tabela 20) entre o TGF-β e a proteinúria de 24 horas, mas não significativa em ambas.

12. RESULTADO DA GRAVIDEZ

a. A maioria dos bebés tinha peso à nascença ≥ 2,6 Kg, ou seja, 75% nas grávidas normotensas (figura XVIII) e 60% nas doentes com pré-eclâmpsia (figura XIX). O peso médio ao nascer nas normotensas (grupo I) e nas pré-eclâmpticas (grupo II) foi de 2,71± 0,30 kg e 2,59± 0,36 kg, respetivamente, sendo comparáveis (p>0,05, Tabela 20).

b. A maioria dos bebés nasceu com um bom índice de Apgar. 55% dos bebés de mães pré-eclâmpticas tiveram um Apgar de 1 minuto <7, em comparação com 5% no grupo de grávidas normotensas (Tabela 21, figura XX). 5% dos bebés de mães com pré-eclâmpsia tiveram um Apgar de 5 minutos <7, em comparação com zero por cento no grupo de grávidas normotensas.

CORRELAÇÃO DA IL-6, TNF-α E TGF-β DO SANGUE MATERNO E DO CORDÃO COM A IDADE GESTACIONAL

c. Foi encontrada uma correlação positiva significativa entre a IL-6 sérica materna e a idade gestacional, tanto no grupo normotenso como no grupo pré-eclâmptico [r=0,62, p=0,003(p<0,01), figura XXI; r=0,60, p=0,004 (p<0,01), figura XXII, respetivamente]. Além disso, entre a IL-6 do sangue do cordão umbilical e a idade gestacional no grupo normotenso [r=0,52, p=0,017(p<0,05)] e no grupo pré-eclâmptico [r=0,43, p=0,051 (p>0,05)], a correlação positiva foi significativa no grupo normotenso.

d. A correlação entre o TNF-α sérico materno e a idade gestacional foi positiva tanto no grupo normotenso como no grupo pré-eclâmptico, mas não foi significativa (r=0,12, p>0,05; r=0,02, p>0,05, respetivamente).

e. Verificou-se que o TGF-β sérico materno e a idade gestacional estavam negativamente correlacionados no grupo normotenso e no grupo pré-eclâmptico. Estavam positivamente correlacionados e não eram significativos em ambos os casos (r=-0,10, p>0,05; r=0,44, p>0,05, respetivamente).

f. No grupo normotenso e pré-eclâmptico, os níveis séricos de TNF-α no sangue do cordão umbilical (r=-0,05, p>0,05; r=-0,18, p>0,05) e de TGF-β no soro (r=-0,30, p>0,05; r=-0,0004, p>0,05) foram negativamente correlacionados com a idade gestacional, mas também não foram significativos (Tabela 22)

CORRELAÇÃO DA IL-6, TNF-α E TGF-β DO SANGUE MATERNO E DO CORDÃO COM O PESO DO NASCIMENTO EM AMBOS OS GRUPOS

g. A IL-6 e o TNF-α séricos no sangue materno e no sangue do cordão umbilical foram positivamente correlacionados com o peso do bebé à nascença, tanto no grupo normotenso (r=0,14, p>0,05; r=0,11, p>0.05; r=0,23, p>0,05; r=0,41,p>0,05) e no grupo pré-eclâmptico (r=0,01, p>0,05; r=0,25, p>0,05; r=0,34, p>0,05; r=0,10, p>0,05), mas não significativa.

h. Os níveis séricos maternos de TGF-β foram positivamente correlacionados em normotensos [r=0,61, p=0,003(p<0,01)] e a correlação foi significativa. Não se observou uma correlação significativa nas mulheres pré-eclâmpticas (r=0,10, p>0,05). Por outro lado, os níveis séricos de TGF-β no sangue do cordão umbilical estavam positivamente correlacionados no grupo normotenso (r=0,30, p>0,05) e negativamente correlacionados no grupo pré-eclâmptico (r=0,03, p>0,05), sem significância estatística em ambos (Tabela 23).

Os resultados de níveis séricos elevados de IL-6, TNF-α e TGF-β em mulheres com pré-eclâmpsia (tanto no sangue materno como no sangue do cordão umbilical) sugerem um papel definitivo da resposta inflamatória na patogénese da pré-eclâmpsia e, por conseguinte, podem ser úteis no diagnóstico de doentes com pré-eclâmpsia e na identificação de futuros riscos cardiovasculares. Os agentes anti-inflamatórios podem ter lugar no tratamento da pré-eclâmpsia.

REFERÊNCIAS

1. Moffett A, Loke W. The immunological paradox of pregnancy: a reappraisal. Placenta 2004;25:1-8.

2. Austgulen R, Lien E, Liabakk NB, Jacobsen G, Arntzen KJ. Aumento dos níveis de citocinas e modificadores da atividade das citocinas na gravidez normal. Eur J Obstet Gynecol Reprod Biol 1994;57:149-55.

3. Belo L, Santos-Silva A, Rocha S, Caslake M, Cooney J, Pereira-Leite L, et al. Flutuações na concentração de proteína C-reactiva e ativação de neutrófilos durante a gravidez humana normal. Eur J Obstet Gynecol Reprod Biol 2005;123:46-51.

4. Kraus A, Sperling S, Engel M, Lo Y, Kellerman L, Singh T, et al. Perfil de citocinas no sangue periférico durante a gravidez e o período pós-parto. Am J Reprod Immunol 2010;64:411-26.

5. Reslan M, Khalil A. Molecular and vascular targets in the pathogenesis and management of the hypertension associated with preeclampsia. Cardiovasc Hematol Agents Med Chem 2010;8:204-26.

6. Wegmann G, Lin H, Guilbert L, Mosmann R. Bidirectional cytokine interactions in the maternal-fetal relationship: is successful pregnancy a Th2 phenomenon? Immunol Today 1993;14:353-6.

7. Soeters B, Grimble F. O papel condicional da inflamação na gravidez e no cancro. Clin Nut 2013;32:460-5.

8. Denney M, Nelson L, Wadhwa D, Waters P, Mathew L, Chung K, et al. Modulação longitudinal do perfil de citocinas do sistema imunitário durante a gravidez. Cytokine 2011;53:170-7.

9. Szarka A, Rigó J, Lázár L, Bekő G, Molvarec A. Citocinas circulantes, quimiocinas e moléculas de adesão na gravidez normal e pré-eclâmpsia determinadas por matriz de suspensão multiplex. BMC Immunol 2010;11:59.

10. Christian M, Porter K. Alterações longitudinais nos marcadores pró-inflamatórios séricos durante a gravidez e o pós-parto: efeitos do índice de massa corporal materna. Cytokine 2014;70:134-40.

11. Crocker P, Wareing M, Ferris R, Jones J, Cartwright E, Baker N, et al. The effect of vascular origin, oxygen, and tumour necrosis fator alpha on trophoblast invasion of maternal arteries in vitro. J Pathol 2005;206:476-85.

12. Lash,GE, Otun HA, Innes BA, Bulmer JN, Searle RF, Robson S.C. Inhibition of Trophoblast Cell Invasion by TGFB1, 2, and 3 Is Associated with a Decrease in Active Proteases.BiolReprod2005; 73: 374- 81. https://doi.org/10.1095/biolreprod.105.040337.

13. Mor G, Cardenas I, Abrahams V, Guller S. Inflammation and pregnancy: the role of the immune system at the implantation site (Inflamação e gravidez: o papel do sistema imunitário no local de implantação). Ann N Y Acad Sci 2011;1221:80-7.

14. Laskowska M, Leszczyńska-Gorzelak B, Laskowska K, Oleszczuk J. Avaliação dos níveis de TNFα no soro materno e umbilical em gravidezes pré-eclâmpticas no feto intrauterino normal e com restrição de crescimento. Matern Fetal Neonatal Med 2006;19:347-51.

15. Kupferminc J, Peaceman M, Wigton R, Rehnberg A, Socol L. O fator de necrose tumoral-α está elevado no plasma e no líquido amniótico de doentes com pré-eclâmpsia grave. Am J Obstet Gynecol 1994;170:1752-9.

16. Southcombe H, Redman W, Sargent L, Granne I. Citocinas da família da interleucina-1 e suas proteínas reguladoras na gravidez normal e na pré-eclâmpsia. Clin Exp Immunol 2015;181:480-90.

17. Conrad P, Miles M, Benyo F. Circulating levels of immunoreactive cytokines in women with preeclampsia. Am J Reprod Immunol 1998;40:102-11.

18. Kalantar F, Rajaei S, Heidari B, Mansouri R, Rashidi N, Izad MH, et al. Níveis séricos do fator de necrose tumoral-α, interleucina-15 e interleucina-10 em doentes com pré-eclâmpsia em comparação com mulheres grávidas normotensas. Iran J Nurs Midwifery Res 2013;18:463.

19. Taki A, Abe M, Komaki M, Oku K, Iseki S, Mizutani S, et al. Expressão de factores relacionados com a angiogénese e citocinas inflamatórias na placenta e vasos umbilicais em gravidezes com pré-eclampsia e corioamnionite/funisite. Congenit Anom 2012;52:97-103.

20. Wang F, Shi Z, Wang P, You W, Liang G. Perfil proteómico comparativo da placenta humana de gravidezes normais e pré-eclâmpticas. PLoS ONE 2013;8:e78025. https://doi.org/10.1371/journal.pone.0078025.

21. Pang J, Xing Q. Expression of transforming growth fator-β and insulin-like growth fator in molar and placental tissues. Arch Gynecol Obstet 2003;269:1-4.

22. Cunningham FG, MacDonald PC, Leveno KF, et al.Complicações obstétricas durante a gravidez.In: Blenning CE, editor. Williams Obstetrics. 19th ed. Norwalk CT, Appleton & Lange, 1993: 117-26.

23. Wahl M. Transforming growth fator beta: the good, the bad, and the ugly. J Exp Med 1994;180:1587-90.

24. Lebrin F, Goumans J, Jonker L, Carvalho L, Valdimarsdottir G, Thorikay M, et al. Endoglin promove a proliferação de células endoteliais e a transdução de sinal TGF-β/ALK1. EMBO J 2004;23:4018-28.

25. Östlund E, Tally M, Fried G. Transforming growth fator-β1 in fetal serum correlates with insulin-like growth fator-I and fetal growth. Obstet Gynecol 2002;100:567-73.

26. L. K. Wagner. Diagnóstico e tratamento da pré-eclâmpsia. Am Fam Physician2004 ;70:2317-24.

27. Dildy III A, Belfort A, Smulian C. Preeclampsia recurrence and prevention. Semin perinatol 2007; 31:135-41.

28. Phipps E, Prasanna D, Brima W, Jim B. Pré-eclâmpsia: actualizações na patogénese, definições e orientações. Clin j Am Soc Nephrol 2016;11:1102-13.

29. Lyall F, Greer A. The vascular endothelium in normal pregnancy and pre-eclampsia (O endotélio vascular na gravidez normal e na pré-eclâmpsia). Reviews of reproduction 1996;1:107-16.

30. Roberts M, Taylor N, Musci J, Rodgers M, Hubel A, McLaughlin K. Preeclampsia: An endothelial cell disorder. International Journal of Gynecology & Obstetrics 1990;32:299.

31. Sankaralingam S, Arenas A, Lalu M, Davidge T. Preeclampsia: current understanding of the molecular basis of vascular dysfunction. Revisões de peritos em medicina molecular 2006;8:1-20.

32. Sibai B, Dekker G, Kupferminc M. Pre-eclampsia. The Lancet. 2005;365:785-99.

33. Fukui A, Yokota M, Funamizu A, Nakamua R, Fukuhara R, Yamada K et al. Alterações das células NK na pré-eclâmpsia. Revista americana de imunologia reprodutiva 2012;67:278-86.

34. Nelissen C, van Montfoort P, Dumoulin C, Evers L. Epigenetics and the placenta. Hum Reprod Update 2011;17:397-417.

35. Pijnenborg R, Vercruysse L, Hanssens M. Fetal-maternal conflict, trophoblast invasion, preeclampsia, and the red queen. Hypertens Pregnancy 2008;27:183-96.

36. Roberts M, Gammill S. Preeclampsia: recent insights. Hypertension 2005;46:1243-9.

37. LaMarca D, Gilbert J, Granger P. Recent progress toward the understanding of the pathophysiology of hypertension during preeclampsia. Hypertension 2008;51:982-8.

38. Brosens A, Robertson B, Dixon G. The role of the spiral arteries in the pathogenesis of preeclampsia. Obstet Gynecol Annu 1972;1:177-91.

39. Damsky H, Fisher J. Trophoblast pseudo-vasculogenesis: faking it with endothelial adhesion receptors. Curr Opin Cell Biol 1998;10:660-6.

40. Hunkapiller M, Gasperowicz M, Kapidzic M, Plaks V, Maltepe E, Kitajewski J, et al. Um papel para a sinalização Notch na invasão endovascular do trofoblasto e na patogénese da pré-eclâmpsia. Desenvolvimento 2011;138: 2987-98.

41. Colucci F, Boulenouar S, Kieckbusch J, Moffett A. Como é que a variabilidade dos genes do sistema imunitário afecta a placentação? Placenta 2011;32:539-45.

42. Gilbert S, Ryan J, LaMarca B, Sedeek M, Murphy R, Granger P. Pathophysiology of hypertension during preeclampsia: linking placental ischemia with endothelial dysfunction. Am J Physiol Heart Circ Physiol 2008; 294:H541-50.

43. Roberts M, Bodnar M, Patrick E, Powers W. The Role of Obesity in Preeclampsia (O papel da obesidade na pré-eclâmpsia). Pregnancy Hypertens 2011;1:6-16.

44. Wang A, Rana S, Karumanchi A. Preeclampsia: o papel dos factores angiogénicos na sua patogénese. Physiology (Bethesda) 2009;24:147-58.

45. Mutter P, Karumanchi A. Molecular mechanisms of preeclampsia (Mecanismos moleculares da pré-eclâmpsia). Microvasc Res 2008;75:1-8.

46. George M, Granger P. Endothelin: key mediator of hypertension in preeclampsia (Endotelina: mediador chave da hipertensão na pré-eclâmpsia). Am J Hypertens 2011;24: 964-9.

47. Roggensack M, Zhang Y, Davidge T. Evidence for peroxynitrite formation in the vasculature of women with preeclampsia. Hypertension 1999;33:83-9.

48. Burton J, Yung W. Endoplasmic reticulum stress in the pathogenesis of early-onset pre-eclampsia. Pregnancy Hypertens 2011;1:72-8.

49. Bainbridge A, Smith N. HO na gravidez. Free Radic Biol Med 2005;38:979-88.

50. Ahmed A, Rahman M, Zhang X, Acevedo H, Nijjar S, Rushton I, et al. A indução da heme oxigenase-1 placentária é protetora contra a citotoxicidade induzida pelo TNFalfa e promove o relaxamento dos vasos. Mol Med 2000;6:391-409.

51. Wikstrom K, Stephansson O, Cnattingius S. Tobacco use during pregnancy and preeclampsia risk: effects of cigarette smoking and snuff. Hypertension 2010;55:1254-9.

52. Cudmore M, Ahmad S, Al-Ani B, Fujisawa T, Coxall H, Chudasama K, et al. Negative regulation of soluble Flt-1 and soluble endoglin release by heme oxygenase-1. Circulation 2007;115:1789-97.

53. Tan Y, Ho F, Chong S, Loganath A, Chan H, Ravichandran J, Lee CG, Chong SS. A contribuição paterna do HLA-G* 0106 aumenta significativamente o risco de pré-eclâmpsia em gravidezes multigestas. Molecular human reproduction. 2008;14:317-24.

54. Chng K. Ocorrência de pré-eclâmpsia em gestações de três maridos: Relato de caso. BJOG: An International Journal of Obstetrics & Gynaecology. 1982;89:862-3.

55. Robillard Y, Hulsey C, Alexander R, Keenan A, de Caunes F, Papiernik E. Padrões de paternidade e risco de pré-eclâmpsia na última gravidez em multíparas. Journal of reproductive immunology. 1993;24:1-2.

56. Hackmon R, Pinnaduwage L, Zhang J, Lye S, Geraghty D, Dunk C. Expressão definitiva do antigénio leucocitário humano de classe I na placentação gestacional: HLA-F, HLA-E, HLA-C e HLA-G na invasão de trofoblasto extraviloso na placentação, gravidez e parto. Jornal Americano de Imunologia Reprodutiva. 2017;77:e12643.

57. Sharkey M, Gardner L, Hiby S, Farrell L, Apps R, Masters L, Goodridge J, Lathbury L, Stewart A, Verma S, Moffett A. A expressão do recetor Killer Ig-like nas células NK uterinas é tendenciosa para o reconhecimento do HLA-C e altera-se com a idade gestacional. The Journal of Immunology. 2008;181:39-46.

58. Redman W, Sargent L. Immunology of pre-eclampsia (Imunologia da pré-eclâmpsia). Revista americana de imunologia reprodutiva. 2010;63:534-43.

59. Germain J, Sacks P, Sooranna R, Sargent L, Redman CW. Systemic inflammatory priming in normal preg- nancy and preeclampsia: the role of circulating syncy- tiotrophoblast microparticles. J Immunol 2007;178:5949-56.

60. Wallukat G, Homuth V, Fischer T, Lindschau C, Horst- kamp B, Jupner A, et al. Pacientes com pré-eclâmpsia desenvolvem auto-anticorpos agonistas contra o recetor AT1 da angiotensina. J Clin Invest 1999;103:945-52.

61. Zhou C, Zhang Y, Irani A, Zhang H, Mi T, Popek J, et al. Os auto-anticorpos agonistas do recetor da angiotensina induzem pré-eclampsia em ratinhos grávidas. Nat Med 2008;14:855-62.

62. LaMarca D, Ryan J, Gilbert S, Murphy R, Granger P. Inflammatory cytokines in the pathophysiology of hypertension during preeclampsia. Curr Hypertens Rep 2007;9:480-5.

63. Venkatesha S, Toporsian M, Lam C, Hanai I, Mammoto T, Kim YM, Bdolah Y, Lim KH, Yuan HT, Libermann TA, Stillman IE. Soluble endoglin contributes to the pathogenesis of preeclampsia. Nature medicine. 2006;12:642.

64. Levine J, Lam C, Qian C, Yu F, Maynard E, Sachs P, Sibai M, Epstein H, Romero R, Thadhani R, Karumanchi A. Soluble endoglin and other circulating antiangiogenic factors in preeclampsia. New England Journal of Medicine. 2006;355:992-1005.

65. Abbas K, Lichtman H. Introdução à imunologia. Cellular and molecular immunology, 5th ed., São Paulo. Elsevier Saunders, Philadelphia. 2005:1-40.

66. Janeway A, Travers P, Walport M, Shlomchik M. Immunobiology: The Immune System in Health and Disease (Garland Science, Nova Iorque).

67. Kindt J, Goldsby A, Osborne A, Kuby J. 2007. *Kuby Immunology*: W. H. Freeman

68. Abbas K, Lichtman H, Pillai S. Cellular and Molecular Immunology. Filadélfia, EUA. Saunders.

69. Wan Y. Multi-tasking of helper T cells. Immunology 2010;130:166-71.

70. Lefrancois L, Obar J. 2010. Once a killer, always a killer: from cytotoxic T cell to memory cell. *Immunol Rev* 235: 206-18.

71. Kaplan H. Células Th9: diferenciação e doença. Immunological reviews 2013;252:104-15.

72. Crome Q, Wang Y, Levings K. Translational mini-review series on Th17 cells: function and regulation of human T helper 17 cells in health and disease. Clinical & Experimental Immunology 2010;159:109-19.

73. Barry M, Bleackley C. Cytotoxic T lymphocytes: all roads lead to death (Linfócitos T citotóxicos: todos os caminhos levam à morte). Nature Reviews Immunology 2002;2:401.

74. Akl A, Luo S, Wood J. Induction of transplantation tolerance-the potential of regulatory T cells (Indução de tolerância ao transplante - o potencial das células T reguladoras). Transplant immunology 2005;14:225-30.

75. Kronenberg M, Rudensky A. Regulation of immunity by self-reactive T cells (Regulação da imunidade por células T auto-reactivas). Nature 2005;435:598.

76. Bluestone A, Abbas K. Opinion-regulatory lymphocytes: natural versus adaptive regulatory T cells. Nature Reviews Immunology 2003;3:253.

77. JIAO B, RUI C, LI J, YANG Y, Yan I. Expressão de citocinas pró-inflamatórias e anti-inflamatórias no cérebro de ratos ateroscleróticos e efeitos do extrato de Ginkgo biloba1. Ata Pharmacologica Sinica. 2005;26:835-9.

78. Widhe M, Grusell M, Ekerfelt C, Vrethem M, Forsberg P, Ernerudh J. Cytokines in Lyme borreliosis: lack of early tumor necrosis fator-α and transforming growth fator-β1 responses are associated with chronic neuroborreliosis. Immunology 2002;107:46-55.

79. Calixto B, Campos M, Otuki F, Santos R. Compostos anti-inflamatórios de origem vegetal. Parte II. Modulação de citocinas pró-inflamatórias, quimiocinas e moléculas de adesão. Planta Medica 2004;70:93-103.

80. Simpsom R, Hammacher A, Smith D, Matthews J, Ward L. Interleukin-6: Structure-Function relationships. Ciência das proteínas. 1997;6:929-55.

81. Wu H, Hymowitz S, Estrutura e função do fator de necrose tumoral (TNF) na superfície celular. In: Dennis A, Bradshaw A editores. Handbook of cell signalling.2nd ed. massachusettes:Academic press;2009.p.265-74.

82. Huber A, Hefler L, Tempfer C, Zeisler H, Lebrecht A, Husslein P. Transforming growth fator-beta1 serum levels in pregnancy and preeclampsia. Ata Obstet Gyneocol Scand. 2002;81:168-71.

83. Monastero R, Pentyala S. As citocinas como biomarcadores e os seus respectivos níveis de corte clínicos. Int J Inflam 2017;4309485.

84. Malenica M, Silar M, Dujic T, Bego T, Semiz S, Skrbo S, et al. Importância dos marcadores inflamatórios e IL-6 para o diagnóstico e acompanhamento de pacientes com diabetes mellitus tipo 2. Med Glas (Zenica) 2017;14:169-175.

85. Darren R, Dominique S, Kenneth M, Joellen S, Paolo B, Margaret R et al. Uma revisão da aplicação de biomarcadores inflamatórios na pesquisa epidemiológica do câncer. Cancer Epidemiol Biomarkers Prev 2014;23:1729-1751.

86. Kristchevsky S, Cesari M, Pahor M. Inflammatory markers and cardiovascular health in older adults. Cardiovascular Research 66;2005:265-275.

87. Chou c, Lin F, Tsai H, Chang S. A importância das citocinas pró-inflamatórias e anti-inflamatórias na pneumonia por Pneumocystis jiroveci. Medical Mycology 2013;51:704-12.

88. Wegmann G, Lin H, Guilbert L, Mosmann R. Bidirectional cytokine interactions in the maternal-fetal relationship: is successful pregnancy a TH2 phenomenon? Immunology today 1993;14:353-6.

89. Nelson L, Østensen M. Pregnancy and rheumatoid arthritis (Gravidez e artrite reumatoide). Rheumatic disease clinics of North America 1997;23:195-212.

90. Østensen M, Villiger M. Immunology of pregnancy-pregnancy as a remission inducing agent in rheumatoid arthritis. Transplant immunology 2002;9:155-60.

91. Nossent C, Swaak J. Lúpus eritematoso sistémico. VI. Análise da inter-relação com a gravidez. The Journal of rheumatology 1990;17:771-6.

92. Sacks G, Sargent I, Redman C. An innate view of human pregnancy (Uma visão inata da gravidez humana). Immunology today 1999;20:114-8.

93. Dekker A, Sibai M. Etiologia e patogénese da pré-eclâmpsia: conceitos actuais. Jornal americano de obstetrícia e ginecologia 1998;179:1359-75.

94. Roberts M, Taylor N, Musci J, Rodgers M, Hubel A, McLaughlin K. Preeclampsia: An endothelial cell disorder. International Journal of Gynecology & Obstetrics 1990;32:299.

95. Redman W, Sacks P, Sargent IL. Preeclampsia: uma resposta inflamatória materna excessiva à gravidez. American journal of obstetrics and gynecology. 1999;180:499-506.

96. Saito S, Sakai M. Th1/Th2 balance in preeclampsia. Journal of reproductive immunology 2003;59:161-73.

97. Darmochwal D, Leszczynska B, Rolinski J, Oleszczuk J. Desequilíbrio de citocinas do tipo T helper 1 e T helper 2 em mulheres grávidas com pré-eclâmpsia. European Journal of Obstetrics & Gynecology and Reproductive Biology 1999;86:165-70.

98. Gratacós E, Filella X, Palacio M, Cararach V, Alonso PL, Fortuny A. Interleukin-4, interleukin-10, and granulocyte-macrophage colony stimulating fator in second-trimester serum from women with preeclampsia. Obstetrics & Gynecology 1998;92:849-53.

99. Udenze I, Amadi C, Awolola N, Makwe C. O papel das citocinas como mediadores inflamatórios na pré-eclâmpsia. Pan Afr Med J 2015;20:219.

100. Hayashi M, Ohkura T, Inaba N. Interleukin-6 concentration in placenta and blood in normal pregnancy and preeclampsia. Horm Metab Res 2005;7:419-24.

101. Al-Othman S, Omu E, Diejomaoh M, Al-Yatama M, Al-Qattan F. Differential levels of interleukin 6 in maternal and cord sera and placenta in women with pre-eclampsia. Gynecologic and obstetric investigation 2001;52:60-5.

102. Afshari T, Ghomian N, Shameli A, Shakeri M, Fahmidekhar M, Mahajer E et al. BMC Pregnancy Childbirth 2005;5;14.

103. Conrad P, Benyo F. Placental cytokines and the pathogenesis of preeclampsia. American journal of reproductive immunology 1997;37:240-9.

104. Sargent L, Germain J, Sacks P, Kumar S, Redman W. Trophoblast deportation and the maternal inflammatory response in pre-eclampsia. Journal of reproductive immunology 2003;59:153-60.

105. Sargent L, Germain J, Sacks P, Kumar S, Redman W. Trophoblast deportation and the maternal inflammatory response in pre-eclampsia. Journal of reproductive immunology 2003;59:153-60.

106. Jim B, Sharma S, Kebede T, Acharya A. Hypertension in pregnancy: a comprehensive update. Cardiology in review. 2010;18:178-89.

107. Duley L. The global impact of pre-eclampsia and eclampsia (O impacto global da pré-eclâmpsia e da eclâmpsia). InSeminars in perinatology 2009 Jun 1 (Vol. 33, No. 3, pp. 130-137). WB Saunders.

108. Groom M, North A, Poppe K, Sadler L, McCowan M. A associação entre bebés personalizados pequenos para a idade gestacional e pré-eclâmpsia ou hipertensão gestacional varia consoante a gestação no momento do parto. BJOG: An International Journal of Obstetrics & Gynaecology 2007;114:478-84.

109. Wu S, Nohr A, Bech H, Vestergaard M, Catov M, Olsen J. Health of children born to mothers who had preeclampsia: a population-based cohort study. American journal of obstetrics and gynecology 2009;201:269-e1.

110. Barker J. The developmental origins of adult disease. Jornal do Colégio Americano de Nutrição 2004;23:588S-95S.

111. Covelli M, Wood E, Yarandi N. The association of low birth weight and physiological risk factors of hypertension in African American adolescents (A associação entre o baixo peso à nascença e os factores de risco fisiológicos da hipertensão em adolescentes afro-americanos). Journal of Cardiovascular Nursing. 2007;22:440-7.

112. Catarino C, Silva A, Belo N, Pereira P, Rocha S, Patricio B, et al. Distúrbios inflamatórios na pré-eclampsia: relação entre sangue materno e do cordão umbilical. J Pregnancy 2012;2012:684384.

113. Gohil J, Patel P, Gupta P. Estimativa do perfil lipídico em indivíduos com pré-eclâmpsia. J Obstet Gynaecol India 2011;61:399-403.

114. Rodie A, Caslake J, Stewart F, Sattar N, Ramsay E, Greer A, Freeman J. Fetal cord plasma lipoprotein status in uncomplicated human pregnancies and in pregnancies complicated by pre-eclampsia and intrauterine growth restriction. Atherosclerosis. 2004;176:181-7.

115. Adiga U, D'souza V, Kamath A, Mangalore N. Antioxidant activity and lipid peroxidation in preeclampsia. Jornal da AssociaçãoMédica Chinesa. 2007;70:435-8.

116. Tosun M, Celik H, Avci B, Yavuz E, Alper T, Malatyalioglu E. Maternal and umbilical serum levels of Interleukin-6, Interleukin-8, tumour necrosis fator- α J Matern Fetal Neonatal Med 2010;23:880-6.

117. Li Y, Wang Y, Ding X, Duan B, Li L, Wang X. Os níveis séricos de TNF-α e IL-6 estão associados à hipertensão induzida pela gravidez. Reprod Sci 2016;10:1402-8.

118. Rusterholz C, Hahn S, Holzgreve W. Role of placentally produced inflammatory and regulatory cytokines in pregnancy and the etiology of preeclampsia. In Seminars in immunopathology 2007;29:151-162.

119. Enning A, Nevala K, Creedon J, Markovic N, Holtan G. Diferenças baseadas no sexo fetal em hormonas maternas, factores angiogénicos e mediadores imunitários durante a gravidez e o período pós-parto.Am J Reprod Immunol 2015;73:251-62.

120. Mulla J, Myrtolli K, Potter J, Boeras C, Kavathas B, Sfakianaki K, et al. O ácido úrico induz a produção de IL-1βdo trofoblasto através do inflamassoma: implicações para a patogénese da pré-eclâmpsia. Revista americana de imunologia reprodutiva 2011;65:542-8.

121. Duley L. The global impact of pre-eclampsia and eclampsia (O impacto global da pré-eclâmpsia e da eclâmpsia). InSeminars in perinatology 2009;1:130-137.

122. Groom M, North A, Poppe K, Sadler L, McCowan M. The association between customised small for gestational age infants and pre-eclampsia or gestational hypertension varies with gestation at delivery. BJOG: An International Journal of Obstetrics & Gynaecology. 2007;114:478-84.

FICHA DE INFORMAÇÃO DO PACIENTE

Título do estudo: BIOMARCADORES IMUNITÁRIOS NA PRÉ-ECLÂMPSIA

Está a ser convidado a participar num estudo de investigação. No entanto, antes de decidir se quer ou não participar, é importante que compreenda perfeitamente o objeto da investigação e o que lhe vai ser pedido para fazer. É importante que leia as informações que se seguem para poder tomar uma decisão informada e, se tiver dúvidas sobre quaisquer aspectos do estudo que não sejam claros para si, não hesite em perguntar-me. Por favor, certifique-se de que está satisfeito antes de decidir participar ou não. Obrigado pelo seu tempo e pela sua consideração relativamente a este convite.

Objetivo do estudo de investigação

O estudo será feito em mulheres pré-eclâmpticas e será comparado com mulheres grávidas normotensas no Departamento de Obstetrícia e Ginecologia após a obtenção do consentimento por escrito delas por um período de um ano. IL-6, TNFα e TGFβ outras investigações de rotina serão feitas no soro e no sangue do cordão umbilical de mulheres pré-eclâmpticas e em mulheres grávidas normotensas. Nenhuma modificação do protocolo existente é necessária para este estudo. Nenhum teste ou procedimento antiético será empregado durante este estudo.

A pré-eclâmpsia é uma das principais causas de mortalidade e morbilidade materna e fetal. A pré-eclâmpsia está associada a um estado inflamatório e ao stress oxidativo na circulação materna. TNFα e IL6 foram encontrados significativamente mais altos em alguns estudos e resultados conflitantes dos níveis de TGFβ foram mostrados. Assim, o presente estudo é proposto para avaliar a associação dos níveis de IL6, TNFα, TGFβ em mulheres primigestas pré-eclâmpticas (n = 20) e mulheres grávidas normotensas (n = 20) com gravidez única.

A participação neste estudo de investigação é da sua inteira responsabilidade e, se decidir participar, ser-lhe-á fornecido um folheto informativo para levar consigo e um formulário de consentimento assinado para guardar. Além disso, ser-lhe-á pedido que assine um formulário de consentimento. No entanto, se não quiser participar e se mudar de ideias em qualquer altura (antes da publicação), pode retirar-se do estudo de investigação sem ter de justificar a sua decisão.

Não há restrições alimentares ou de estilo de vida para si. Não há necessidade de qualquer acompanhamento ou de qualquer medicação. Não existe qualquer risco ou dor para o seu bebé, uma vez que o sangue do cordão umbilical será recolhido no momento do parto a partir da extremidade placentária. A participação neste estudo não trará quaisquer benefícios potenciais.

Todas as informações recolhidas sobre si no decurso da investigação serão mantidas estritamente confidenciais. Qualquer informação sobre si que saia do hospital/departamento terá o seu nome e endereço removidos para que não possa ser reconhecido a partir deles. Os resultados do estudo serão compilados na dissertação e a investigação será publicada numa revista de investigação e não será identificada em nenhum relatório/publicação. Não é recebido qualquer tipo de financiamento para este estudo de investigação. Este estudo será revisto e aprovado pelo comité institucional de ética e investigação.

Se tiver dúvidas depois de ler estas informações ou se quiser saber mais sobre o assunto, pode falar com o seu investigador.

Obrigado por dedicar algum tempo a analisar esta proposta e por participar neste estudo de investigação. Esta ficha de informação destina-se a ser guardada consigo.

CONSENTIMENTO INFORMADO

Autorização para participar num estudo clínico

Título do estudo: **"BIOMARCADORES IMUNITÁRIOS NA PRÉ-ECLÂMPSIA"**

Eu........................, no exercício do meu livre poder de escolha, dou o meu consentimento para participar como sujeito no estudo supra.

Foi-me explicada, de forma satisfatória, a natureza do estudo e estou igualmente ciente do meu direito de optar por abandonar o ensaio em qualquer altura durante o seu decurso, sem ter de apresentar razões para tal. Fui informado(a) sobre o procedimento do estudo e concordo em efetuar o inquérito conforme necessário. Concordo que o resultado deste estudo possa ser publicado para fins científicos, desde que a minha identidade não seja revelada.

Data____________

Assinatura da testemunha

____

Voluntário

Signature___________________

—

Name_____________________

—

FORMULÁRIO DO PACIENTE

Grupo

Processo nº.

Reservado / Não reservado   OPD / CR No.

Nome Educação

Idade   Profissão

Nome do marido

Endereço

HISTÓRIA DA DOENÇA ACTUAL

Queixas principais

Amenorreia

Dor de cabeça

Edema generalizado

Dor epigástrica

Borrão da visão

Convulsão

ANTECEDENTES OBSTÉTRICOS

História de ANC (controlo pré-natal)

Historial de ingestão de qualquer medicamento

(Exceto ácido fólico)

Aceleração

Inj. TT (toxoide tetânico)

Dor de cabeça

Edema do pé

Borrão da visão

Dor epigástrica

Convulsão

Registo da tensão arterial elevada

Qualquer tratamento recebido

Casado por

GPA (gravidez/paridade/aborto)

Qualquer historial de pré-eclampsia em gravidezes anteriores

Modo de parto e resultado fetal

HISTÓRIA MENSTRUAL

Ciclos

Regular / irregular

HISTÓRIA PASSADA

Hipertensão/ diabetes mellitus/ doença cardíaca

Doença renal/ qualquer outra doença crónica

HISTÓRIA DA FAMÍLIA

Hipertensão/ Pré-eclâmpsia no lado materno/ Diabetes Mellitus

EXAME FÍSICO GERAL E SISTÉMICO

Estado geral

Peso (kg)

Índice de massa corporal (kg/m)^2

Palidez/ Icterícia/ Cianose/ Baqueteamento/ JVP/ Edema do pé

Frequência de pulso

Tensão arterial

Frequência respiratória

Exame do tórax

Exame do sistema cardiovascular

Exame do sistema nervoso central

PER ABDOMEN

Altura do fundo do útero

Apresentação

FHS (Som do coração fetal)

INVESTIGAÇÕES

EM TODOS OS DOENTES:

Hemoglobina (g/ dL)

Exame completo de urina

Grupo sanguíneo ABO/Rh

DST (Doenças sexualmente transmissíveis)

VIH

Leucócitos ($\times 10^9$ / L)

Neutrófilos ($\times 10^9$ /L)

Eosinófilos ($\times 10^9$ / L)

Basófilos ($\times 10^9$ / L)

Linfócitos ($\times 10^9$ / L)

Monócitos ($\times 10^9$ / L)

NA PRÉ-ECLAMPSIA:

Hemograma completo com contagem de plaquetas

Ureia no sangue (mg %)

Açúcar no sangue (mg %)

Bilirrubina sérica (mg %)

ALT/AST (Alanina aminotransferase/Aspartato aminotransferase, UI/ L)

Fosfatase alcalina sérica (UI/ L)

Creatinina sérica (mg %)

Ácido úrico sérico (mg %)

Perfil lipídico sérico (mg %)

Fundo de olho

ECG

Urina de 24 horas: volume/ proteína/ creatinina

INVESTIGAÇÕES ESPECIAIS

Parâmetro	SÉRUM MATERNO	CORDÃO SANGUÍNEO
IL-6 (pg/mL)		
TNF-α (pg/mL)		
TGF- β (pg/mL)		

RESULTADO FETAL

Idade gestacional no parto

Modo de entrega

Placenta

Peso do bebé

Pontuação de Apgar

Qualquer complicação neonatal

Printed by Books on Demand GmbH, Norderstedt / Germany